高职高专药学类专业系列教材

供药学、中药学、药品生产技术、生物制药技术、药物制剂技术、化学制药技术、中药生产与加工、药品质量与安全、药品经营与管理等专业用

无机化学

◎主编 舒 炼 鲁群岷 明智强

重庆大学出版社

内容提要

"无机化学"是高职高专药学、化学、工业分析及食品检测等专业的一门专业基础课程。本书紧紧围绕《国家中长期教育改革和发展规划纲要（2010—2020 年）》《现代职业教育体系建设规划（2014—2020年）》和教育部《高等职业教育创新发展行动计划（2015—2018 年）》文件精神，尽力做到"教、学、做"一体化，"课、证、岗"一体化。本书内容由易到难分为 9 个项目，从宏观现象入手，在深入探讨后，再研究微观离子平衡，讲述了化学平衡和酸碱反应，最后揭示反应的平衡（氧化还原及配位平衡）。本书循序渐进、由浅入深地安排了衔接紧密的目标检测和实训，真正实现了化学以实践为基础、融"教、学、做"为一体的教学模式。

本书可供高职高专药学、化学、工业分析及食品检测等专业师生使用，也可供相关从业者参考。

图书在版编目（CIP）数据

无机化学 / 舒炼，鲁群岷，明智强主编. -- 重庆：
重庆大学出版社，2021.8
高职高专药学类专业系列教材
ISBN 978-7-5689-2917-2

Ⅰ.①无… Ⅱ.①舒… ②鲁… ③明… Ⅲ.①无机化
学—高等职业教育—教材 Ⅳ.①O61

中国版本图书馆 CIP 数据核字（2021）第 162230 号

无机化学

WUJI HUAXUE

主　编　舒　炼　鲁群岷　明智强
策划编辑:袁文华

责任编辑:张红梅　李　琼　　版式设计:袁文华
责任校对:谢　芳　　　　　　责任印制:赵　晟

*

重庆大学出版社出版发行
出版人:饶帮华
社址:重庆市沙坪坝区大学城西路 21 号
邮编:401331
电话:(023) 88617190　88617185(中小学)
传真:(023) 88617186　88617166
网址:http://www.cqup.com.cn
邮箱:fxk@ cqup.com.cn(营销中心)
全国新华书店经销
重庆升光电力印务有限公司印刷

*

开本:787mm×1092mm　1/16　印张:11.75　字数:280 千
2021 年 8 月第 1 版　　2021 年 8 月第 1 次印刷
印数:1—2 000
ISBN 978-7-5689-2917-2　定价:32.00 元

编委会　　　　　　　　　　　　BIANWEIHUI

主　编　舒　炼（重庆能源职业学院）
　　　　　　鲁群岷（重庆能源职业学院）
　　　　　　明智强（重庆米舟联发检测技术有限公司）

副主编　杨玉平（重庆电子工程职业学院）
　　　　　　张嘉杨（重庆能源职业学院）
　　　　　　林　丽（重庆能源职业学院）
　　　　　　李勇辉（宜宾职业技术学院）
　　　　　　吴　旭（重庆能源职业学院）
　　　　　　钟明兴（重庆能源职业学院）
　　　　　　陈德霞（重庆市经贸中等专业学校）
　　　　　　张　姣（重庆能源职业学院）
　　　　　　况黎黎（重庆能源职业学院）

参　编　冉启文（重庆医药高等专科学校）
　　　　　　冯国鑫（重庆能院食品检测有限公司）
　　　　　　张天竹（重庆医药高等专科学校）
　　　　　　祝　悦（重庆轻工职业学院）
　　　　　　冉隆福（西南药业股份有限公司）
　　　　　　姜　雪（重庆城市管理职业学院）

前言

　　无机化学是高职高专药学、化学、工业分析及食品检测等专业的一门专业基础课程。本书着重使学生掌握化学基本知识、基础理论,在编写过程中本着"够用、实用、适用"的原则,精选理论内容,以基础知识和基础理论为主,在基本化学理论上删掉了复杂的计算和一些较深的理论知识,力求做到简明扼要、深入浅出、循序渐进、理论联系实际。在知识点上突出"宽、浅、新、用",即知识面宽、浅显易懂、突出新知识、注重实用性,力求做到教师易教、学生易学。同时为更好地与中学化学知识衔接,对某些知识进行了重复,这样既能体现知识的延续性,同时又能起到温故知新的作用。

　　本书紧紧围绕《国家中长期教育改革和发展规划纲要(2010—2020 年)》《现代职业教育体系建设规划(2014—2020 年)》和教育部《高等职业教育创新发展行动计划(2015—2018 年)》文件精神,尽力做到"教、学、做"一体化,"课、证、岗"一体化。

　　本书根据无机化学认知深度,从基础常识入手,从元素周期表知识开始衔接,加强对元素周期表规律的阐述及分子结构的介绍。本书共 9 个项目:项目 1 实验室常识及数据表达,主要介绍实验室规则及数据处理;项目 2 原子结构与元素周期表,主要介绍原子结构特点及周期表排列规律;项目 3 分子结构,主要介绍分子间化学键的形成及氢键和范德华力;项目 4 溶液,主要介绍了溶液的常用计算公式及稀溶液的依数性特征;项目 5 化学平衡,主要介绍化学方程式平衡的原理;项目 6 酸碱反应,主要介绍酸碱解离平衡和同离子效应;项目 7 氧化还原反应和项目 8 配位化合物,主要介绍化学反应的配平及原理;项目 9 实训,主要加强对理论知识的掌握和锻炼学生的动手能力。本书循序渐进、由浅入深地安排了衔接紧密的目标检测和实训,真正实现了化学以实践为基础、融"教、学、做"为一体化的教学模式。本书从宏观现象入手,在深入探讨熟悉后,再研究微观离子平衡,讲述了化学平衡和酸碱反应,最后揭示反应的平衡(氧化还原及配位平衡)。

本书由重庆能源职业学院舒炼、鲁群岷和重庆米舟联发检测技术有限公司总经理兼高级工程师明智强担任主编，编写分工如下：舒炼负责拟订本书的编写方案，并编写项目3、项目4、项目5、项目6；鲁群岷负责编写项目1、项目2、项目7；明智强负责编写项目8；重庆电子工程职业学院杨玉平负责编写项目9；张嘉杨、林丽等人负责全书的校稿工作。

本书在编写过程中，得到了重庆米舟联发检测技术有限公司、重庆电子工程职业学院、重庆医药高等专科学校、重庆能院食品检测有限公司、西南药业股份有限公司等合作单位的大力支持和帮助，在此表示衷心的感谢。

由于编者水平有限，错漏之处在所难免，敬请各校师生及广大读者在使用过程中提出宝贵意见。

编　者
2021 年 5 月

目 录 CONTENTS

项目1 实验室常识及数据表达

【学习目标】
- 掌握:实验室常规安全知识。
- 熟悉:实验室一些危险情况的紧急处理措施。
- 了解:试剂的管理及使用要求。

化学实验室是开展实验教学的主要场所。化学实验教学不同于传统的讲授教学,学生是教学过程中的主体,教师要充分发挥主导作用。为了使学生尽快熟悉这种教学方式,规范教学秩序,必须制定相关的规章制度。

化学实验室涉及许多仪器、仪表、化学试剂甚至有毒药品。保证人员的安全、实验室设备的完好、安全防火和保护环境是贯穿整个实验过程的十分重要的内容,也是要求学生掌握的重要课程内容。

本项目对无机化学实验室中经常遇到的问题,加以扼要介绍,以引起教师和学生的重视。

任务1.1 遵守实验室规则

实验室规则是人们从长期的实验室工作中归纳总结出来的,是保证良好的实验室环境和工作秩序,防止意外事故,做好实验的重要前提,必须认真执行。

(1)实验前一定要做好预习和实验准备工作,检查实验仪器、药品是否齐全。做规定以外的实验,应先经教师允许。

(2)实验时要集中精神,认真操作,仔细观察,积极思考,如实记录。

(3)实验中必须保持肃静,不准大声喧哗,不得随处走动。无故缺席未做的实验应该补做。

(4)爱护公共财物,小心使用仪器和实验室设备,注意节约水电。应取用自己的仪器,不得动用他人的仪器;公用仪器和临时共用的仪器用完后应立即送回原处。如有损坏,必须及时登记补领并且按照规定赔偿。

（5）加强环境保护意识，采取积极措施，减少有毒气体和废液对空气、水和周围环境的污染。

（6）剧毒药品必须有严格的管理和使用制度，领用时要登记，用完后要回收或销毁，并把洒落过剧毒药品的桌子和地面擦净，最后洗净双手。

（7）实验台上的仪器、药品应整齐地放在一定位置上并保持台面的清洁。每人准备一个废品杯，实验中的废纸、火柴梗和碎玻璃等应随时放入废品杯中，待实验结束后，集中倒入垃圾箱。酸性溶液应倒入废液缸，切勿倒入水槽，以防腐蚀下水管道。碱性废液经处理后倒入水槽并用水冲洗。

（8）按规定的量取用药品，注意节约。称取药品后，及时盖好原瓶盖。放在指定地方的药品不得擅自拿走。

（9）使用精密仪器时，必须严格按照操作规程进行操作，细心谨慎，避免粗枝大叶而损坏仪器。如发现仪器有故障，应立即停止使用，报告教师（或管理人员），及时排除故障。精密仪器使用后要在登记本上记录使用情况，并经教师检查、认可。

（10）在用气时要严防泄漏，火源要与其他物品保持一定的距离，用后关闭阀门。

（11）实验后，应将所用仪器洗净并整齐地放回实验柜内。实验台和试剂架必须擦净，最后关好电和气开关、水龙头。实验柜内仪器应存放有序，清洁整齐。

（12）每次实验后由学生轮流值勤、负责打扫和整理实验室，并检查水龙头、气开关、门窗是否关紧，电闸是否断开，以保持实验室的整洁和安全。教师检查合格后方可离去。

（13）如果发生意外事故，应保持镇静，不要惊慌失措。若有烧伤、烫伤、割伤应立即报告教师，采取合理措施及时救治。

任务 1.2 注重实验安全

进行化学实验时，要严格遵守关于水、电、气和各种仪器药品的使用规定。化学药品中，很多是有易燃、易爆、有腐蚀性和毒性的。因此，重视安全操作，熟悉一般的安全知识是非常必要的。

安全事故的发生不仅损害个人安全，还会危及周围人群，并使公共财产受到损失，影响工作的正常进行。因此，首先需要从思想上重视实验安全工作，绝不能麻痹大意。其次，在实验前应了解仪器的性能和药品的性质以及本实验中的安全注意事项。在实验过程中，应集中注意力，并严格遵守实验安全守则，以防意外事故的发生。再次，要学会一般的救护措施。一旦发生意外事故，可及时进行处理。最后，对于实验室的废液，也要知道一些处理方法，以保持实验室环境不受污染。

1.2.1　实验室安全守则

（1）为了防止损坏衣物、伤害身体，做实验时必须穿长款实验服，不许穿拖鞋进实验室。留长发的同学要将头发挽起，以免受到伤害。

（2）不要用湿的手、物接触电源。水、电、气一经使用完毕，应立即关闭开关。点燃的火柴用后立即熄灭，不得乱扔。

（3）严禁在实验室内饮食、吸烟或把食具带进实验室。实验完毕，必须洗净双手。

（4）绝对不允许随意混合各种化学药品，以免发生意外事故。

（5）金属钾、钠和白磷等曝露在空气中易燃烧，所以金属钾、钠应保存在煤油中；白磷则可保存在水中，取用时要用镊子。一些有机溶剂（如乙醚、乙醇、丙酮、苯等）极易引燃，使用时必须远离明火、热源，用毕立即盖紧瓶塞。

（6）含氧气的氢气遇火易爆炸，操作时必须严禁接近明火。在点燃氢气前，必须先检查并确保其纯度符合要求。银氨溶液不能留存，因久置后会变成氮化银，也易爆炸。某些强氧化剂（如氯酸钾、硝酸钾、高锰酸钾等）或其混合物不能研磨，否则将引起爆炸。

（7）应配备必要的护目镜。倾注药剂或加热液体时，容易溅出，不要俯视容器。尤其是浓酸、浓碱，其具有强腐蚀性，切勿使其溅在皮肤或衣服上，眼睛更应注意防护。稀释酸、碱时（特别是浓硫酸），应将它们慢慢倒入水中，而不能反向进行，以避免进溅。加热试管时，切记不要使试管口指向人。操作中不随意揉眼睛，以免将化学试剂揉入眼中。

（8）不要俯向容器去嗅气体的气味。嗅闻气体时，面部应远离容器，用手把逸出容器的气体慢慢地扇向自己的鼻孔。能产生有刺激性或有毒气体（如 H_2S，HF，Cl_2，CO，NO_2，SO_2，Br_2 等）的实验必须在通风橱内进行。

（9）有毒药品（如重铬酸钾、钡盐、铅盐、砷的化合物、汞的化合物，特别是氰化物）不得进入口内或接触伤口。剩余的废液也不能随便倒入下水道，应倒入废液缸或教师指定的容器里。

（10）金属汞易挥发，并可以通过呼吸道进入人体，逐渐积累会引起慢性汞中毒。所以做金属汞的实验应特别小心，不得把金属汞洒落在桌上或地上。一旦洒落，必须尽可能收集起来，并用硫黄粉盖在洒落的地方，使金属汞转变成不挥发的硫化汞。

（11）实验室所有药品不得携出室外。用剩的有毒药品必须全部交还给教师。

1.2.2　实验室事故处理

（1）创伤。伤处不能用手抚摸，也不能用水洗涤。若是玻璃创伤，应先把碎玻璃从伤口内挑出。轻伤可涂抹紫药水（或红汞、碘酒等），必要时撒些消炎粉或敷些消炎膏，用绷带包扎。伤口较小时，也可用创可贴敷盖伤口。

（2）烫伤。不要用冷水洗涤伤处。伤处皮肤未破时，可涂搽饱和碳酸氢钠溶液或用碳酸氢钠粉调成糊状敷于伤处，也可抹獾油或烫伤膏；如果伤处皮肤已破，可涂些紫药水或

1%高锰酸钾溶液。

（3）受酸腐蚀致伤。先用大量水冲洗,再用饱和碳酸氢钠溶液(或稀氨水、肥皂水)清洗,最后再用水冲洗。如果酸液溅入眼内,用大量水冲洗后,送医院诊治。

（4）受碱腐蚀致伤。先用大量水冲洗,再用2%醋酸溶液或饱和硼酸溶液清洗,最后用水冲洗。如果碱液溅入眼中,用硼酸溶液冲洗。

（5）受溴腐蚀致伤。用苯或甘油洗濯伤口,再用水洗。

（6）受磷灼伤。用1%硝酸银、5%硫酸铜或浓高锰酸钾溶液洗濯伤口,然后包扎。

（7）吸入刺激性或有毒气体。吸入氯气、氯化氢气体时,可吸入少量酒精和乙醚的混合蒸气解毒。吸入硫化氢或一氧化碳气体而感到不适时,应立即到室外呼吸新鲜空气。但应注意,氯气、溴中毒不可进行人工呼吸,一氧化碳中毒不可使用兴奋剂。

（8）毒物进入口内。将5~10 mL稀硫酸铜溶液加入一杯温水中,内服后,用手指伸入咽喉部,促使呕吐,吐出毒物,然后立即送医院。

（9）触电。首先切断电源,然后在必要时进行人工呼吸。

（10）起火。若不慎起火,要立即一面灭火,一面防止火势蔓延(如采取切断电源,移走易燃药品等措施)。灭火要针对起火原因选用合适的灭火方法和灭火设备(表1.1)。一般的小火可用湿布、石棉布或沙子覆盖燃烧物,即可灭火。火势大时可使用泡沫灭火器。但电气设备所引起的火灾,只能使用二氧化碳或四氯化碳灭火器灭火,不能使用泡沫灭火器,以免触电。实验人员衣服着火时,切勿惊慌乱跑,赶快脱下衣服,或用石棉布覆盖着火处。

表1.1　常用的灭火器及其使用范围

灭火器类型	药液成分	适用范围
酸碱式灭火器	H_2SO_4,$NaHCO_3$	非油类、非电器起火的一般火灾
泡沫灭火器	$Al_2(SO_4)_3$,$NaHCO_3$	油类起火
二氧化碳灭火器	液态CO_2	电器、小范围油类和忌水的化学品起火
干粉灭火器	$NaHCO_3$等盐类,润滑剂,防潮剂	油类、可燃性气体、电气设备、精密仪器、图书文件和遇水易燃烧的药品的初起火灾
1211灭火器	CF_2ClBr液化气体	特别适用于油类、有机溶剂、精密仪器、高压电气设备起火

（11）伤势较重者,应立即送医院。

🔖 **知识拓展**

实验室急救药箱

为了对实验室内意外事故进行紧急处理,应在每个实验室内准备一个急救药箱。药箱内可准备下列药品:红药水、碘酒(3%)、獾油或烫伤膏、碳酸氢钠溶液(饱和)、饱和硼酸溶液、醋酸溶液(2%)、氨水(5%)、硫酸铜溶液(5%)、高锰酸钾晶体(需要时再制成溶液)、氯化铁溶液(止血剂)、消炎粉、甘油。

另外,消毒纱布、消毒棉(均放在玻璃瓶内,磨口塞紧)、剪刀、棉签、创可贴等,也是不可缺少的。

1.2.3　实验室废液处理

实验中经常会产生某些有毒的气体、液体和固体,都需要及时排弃,特别是某些剧毒物质,如果直接排出就可能污染周围空气和水源,损害人体健康。因此,对废液、废气、废渣要经过一定的处理后才能排放。在人口集中的城市和有条件的情况下,经过处理或浓缩的排弃物要分类放在贴标签的固定容器中,定期交给专门处理废弃化学药品的专业公司,按照国家规定处理。在不具备专业公司处理的条件下,少量废弃物也必须在远离水源和人口聚集区域深埋,不允许随意丢弃或掩埋。

产生少量有毒气体的实验应在通风橱内进行。通过排风设备将少量毒气排到室外,使排出的气体在外面大量空气中稀释,以免污染室内空气。产生毒气量大的实验必须备有吸收或处理装置。如二氧化氮、二氧化硫、氯气、硫化氢、氟化氢等可用导管通入碱液中,使其大部分被吸收后排出;一氧化碳可点燃转变成二氧化碳。少量有毒的废渣常埋于地下(应有固定地点)。下面主要介绍一些常见废液处理的方法。

(1)无机实验中,大量的废液通常是废酸液。废酸缸中废酸液可先用耐酸塑料纱网或玻璃纤维过滤,滤液加碱中和,调节 pH 至 6~8 后就可排出。少量滤渣应集中分类存放,统一处理。

(2)废铬酸洗液可以用高锰酸钾氧化法使其再生,重复使用。氧化法:先在 110~130 ℃下将其不断搅拌、加热、浓缩,除去水分后,冷却至室温,缓缓加入高锰酸钾粉末。每1 000 mL 洗液加入 10 g 左右高锰酸钾粉末,边加边搅拌,直至溶液呈深褐色或微紫色,不要过量。然后直接加热至有三氧化硫出现,停止加热。稍放冷,通过玻璃砂芯漏斗过滤,除去沉淀;冷却后析出红色三氧化铬沉淀,再加适量硫酸使其溶解即可使用。少量的废铬酸洗液可加入废碱液或石灰使其生成氢氧化铬(Ⅲ)沉淀,集中分类存放,统一处理。

(3)氰化物是剧毒物质,含氰废液必须认真处理。对于少量的含氰废液,可先加氢氧化钠调至 pH>10,再加入几克高锰酸钾使 CN^- 氧化分解。大量的含氰废液可用碱性氯化法处理,即先用碱将废液调至 pH>10,再加入漂白粉,使 CN^- 氧化成氰酸盐,并进一步分解为二氧化碳和氮气。

(4)含汞盐废液应先调节 pH 至 8~10,然后,加适当过量的硫化钠生成硫化汞沉淀,并加硫酸亚铁生成硫化亚铁沉淀,从而吸附硫化汞共同沉淀下来。静置后再离心、过滤、分离。清液中的汞含量降到 0.02 mg/L 以下方可排放。少量残渣要集中分类存放,统一处理。大量残渣可用焙烧法回收汞,但一定要在通风橱内进行。

(5)含重金属离子的废液,最有效和最经济的处理方法是加碱或加硫化钠把重金属离子变成难溶性的氢氧化物或硫化物沉淀下来,然后过滤分离,少量残渣要集中分类存放,统一处理。

1.2.4 培养良好的学风

总之,由于无机化学是在大学一年级开设的,具有一定的启蒙性,因此要上好无机化学并完成无机化学教学的任务,教与学的双方都必须积极努力。

教师要充分发挥主导作用,必须明确教师不只是"宣讲员""裁判员",更是肩负重任的"教练员",是培养学生实验能力、启发学生思维发展的导师。教师在每个实验中要认真、负责、严格地要求学生。特别要重视实验工作能力的培养和基本操作的训练,并贯穿在各个具体实验之中。每个实验既要有完成具体实验内容的教学任务,也要有进行基本操作训练方面的要求。实验教学对人才的培养是全面的,既有实验知识的传授,又有操作技能、技巧的训练;既有逻辑思维的启发和引导,又有良好习惯、作风和科学工作方法的培养。因此,教师既要耐心、细致地言传身教,又要认真、严格地要求学生;既不能操之过急,也不能不闻不问,任其自流。

学生必须懂得无机化学实验的基本操作训练与实验能力的培养,是高年级实验甚至是以后掌握新的实验技术的必备基础。对于每一个实验,不仅要在原理上搞清、弄懂,而且要在基本操作上进行严格的训练,注意操作的规范化。即使是一个很简单的操作也要按教师的要求一丝不苟地进行练习,不要怕麻烦、图省事。要明确,任何操作只有通过实践才能学会,何况会了并不等于熟练,由会了到熟练要经过不断地练习,勤学还得苦练。另外也要看到实验对自己的锻炼和培养是多方面的,要注意从各方面严格要求自己,比如对实验方法、步骤的理解和掌握,对实验现象的观察和分析,就是在培养自己的科学思维和工作方法;又比如实验台面保持整洁,仪器存放有序、污物不乱扔,就是培养自己从事科学实验的良好习惯和作风。不能认为这些都是无关紧要的小事而不认真去做。须知,小事是构成大事的基石,人才是在平常点滴的锤炼中逐渐成长起来的。

基本操作的训练必须逐步而有层次、有重点地进行。一些基本而重要的无机化学实验中必须掌握的操作要多次反复地进行练习,以达到熟练自如的程度。一些非重点的后续实验课还要训练的操作,只要求进行初步训练。

任务 1.3 测量误差与有效数字

在测量实验中,取同一试样进行多次重复测试,其测定结果常常不会完全一致。这说明测量误差是普遍存在的。人们在进行各项测试工作时,既要掌握各种测定方法,又要对测量结果进行评价。分析测量结果的精密度、误差的大小及其产生的原因,以求不断提高测量结果的准确度。

1.3.1　误差与偏差

1) 准确度与误差

准确度是指测量值与真实值之间相差的程度,用误差表示。误差越小,表明测量结果的准确度越高。反之,准确度就越低。误差可以表示为绝对误差和相对误差:

$$绝对误差(E) = 测量值(x) - 真实值(x_r)$$

$$相对误差(E_r) = \frac{绝对误差}{真实值} \times 100\% = \frac{x - x_r}{x_r} \times 100\%$$

绝对误差只能显示出误差变化的范围,不能确切地表示测量精度。相对误差表示误差在测量结果中所占的百分率,常用来表示测量结果的准确度。绝对误差可以是正值或者负值,正值表示测量值较真实值偏高,负值表示测量值较真实值偏低。

2) 精密度与偏差

精密度是指在相同条件下多次测量结果互相吻合的程度,表现了测定结果的再现性。精密度用偏差表示。

设一组多次平行测量测得的数据为 $x_1, x_2, \cdots, x_n$,则各单次测量值 x_i 与平均值 $\bar{x}$ 的绝对偏差 d_i 为

$$d_1 = x_1 - \bar{x}; \quad d_2 = x_2 - \bar{x}; \quad \cdots; d_n = x_n - \bar{x}$$

平均值为

$$\bar{x} = \frac{x_1 + x_2 + \cdots + x_n}{n} = \frac{1}{n} \sum_{i=1}^{n} x_i$$

单次测量值的相对偏差

$$d_r = \frac{d_i}{x} \times 100\%$$

为了说明测量结果的精密度,可以用平均偏差 $\bar{d}$ 表示:

$$\bar{d} = \frac{|d_1| + |d_2| + \cdots + |d_n|}{n}$$

也可用相对平均偏差 $\bar{d}_r$ 来表示:

$$\bar{d}_r = \frac{\bar{d}}{x} \times 100\%$$

相对平均偏差越小,说明测定结果的精密度越高。

由以上分析可知,误差是以真实值为标准,偏差是以多次测量结果的平均值为标准。误差与偏差、准确度与精密度的含义不同,必须加以区别。但是在一般情况下,真实值是未知（测量的目的就是测得真实值）,因此处理实际问题时,常常在尽量减小系统误差的前提下,多次平行测得结果的平均值当作真实值,把偏差作为误差。

1.3.2 误差的种类及其产生原因

1）系统误差

系统误差是由某种固定的原因造成的,如方法误差(由测定方法本身引起的)、仪器误差(仪器本身不够准确)、试剂误差(试剂不够纯)、操作误差(正常操作情况下,操作者本身的原因)。这些情况产生的误差在同一条件下反复测定时会重复出现。一般来说,由于系统误差具有可测性、单向性和重复性的特点,出现的原因比较明确,因此可以设法除去。

2）随机误差

随机误差又称偶然误差,是由一些难以控制和预见的因素随机变动而引起的误差,如测定时的温度、大气压力的微小波动,仪器性能的微小变化,操作人员对各份试样处理时的微小差别等。由于引起原因有偶然性,所以误差是可变的,有时大,有时小,有时是正值,有时是负值。

除上述两类误差外,还有因工作疏忽、操作马虎而引起的过失误差。如试剂用错、刻度读错、砝码认错或计算错误等,均可引起很大的误差,这些都应力求避免。

3）准确度与精密度的关系

系统误差是测量中误差的主要来源,它影响测定结果的准确度,偶然误差影响测定结果精密度。测定结果要准确度高,一定先要精密度好,表明每次测定结果的再现性好。若精密度很差,说明测定结果不可靠,已失去衡量准确度的前提。有时测量结果精密度很好,说明它的偶然误差很小,但不一定准确度就高。只有在系统误差小时,才能做到既精密度好又准确度高。因此,我们在评价测量结果的时候,必须将系统误差和偶然误差的影响结合起来,以提高测定结果的准确度。

1.3.3 提高测量结果准确度的方法

为了提高测量结果的准确度,应尽量减小系统误差,力求避免过失误差。认真仔细地进行多次测量,取其平均值作为测量结果,可以减少偶然误差。在测量过程中,提高准确度的关键是尽可能地减少系统误差。系统误差总是以相同的符号出现,在相同的条件下重复实验无法消除,可以通过选择合适的方法、测量前对仪器校正、使用标准试样或修正计算公式等来消除。

1）校正测量仪器和测量方法

在测量之前,要根据实验结果对准确度的要求选择适当的校正方法。例如,对于产品质量等级的鉴定,要用国家标准方法与选用的测量方法相比较,以校正所选用的测量方法。

对准确度要求较高的测量,要对选用的仪器,如天平砝码、滴定管、移液管、容量瓶、温度计等进行校正。但当准确度要求不高(如允许相对误差 <1%)时,正常工作的仪器、器

具的精度能够满足实验的要求,一般不必校正。

2）空白实验

空白实验是在同样测定条件下,用蒸馏水代替试液,用同样的方法进行实验。其目的是消除由试剂(或蒸馏水)和仪器带进杂质所造成的系统误差。

3）对照实验

对照实验是用已知准确成分或含量的标准试样代替待测试样,在同样的测定条件下,用同样的方法进行测定的一种方法。其目的是判断试剂是否失效,反应条件是否控制得当,操作是否正确,仪器是否正常等。

对照实验也可以用不同的测定方法,或由不同单位、不同人员对同一试样进行测定来互相对照,以说明所选方法的可靠性。是否善于利用空白实验、对照实验,是分析问题和解决问题能力大小的主要标志之一。

4）增加平行测定次数,减小随机误差

随机误差可正、可负、可大、可小,但是它完全遵循统计规律。按照概率统计的规律,如果测定的次数足够多,取各种测定结果的平均值时,该平均值就代表了真实值。

1.3.4　有效数字

1）有效数字位数的确定

在化学实验中,经常需要对某些物理量进行测量并根据测得的数据进行计算。测定物理量时,应采用几位数字,在数据处理时又应保留几位数字呢? 为了合理地取值并能正确运算,需要了解有效数字的概念。

有效数字是实际能够测量到的数字。到底要采取几位有效数字,这要根据测量仪器和观察的精确程度来决定。例如,在托盘天平上称量某物为 7.8 g,因为托盘天平的精密度为 ±0.1 g,所以该物质量可表示为(7.8±0.1)g,它的有效数字是 2 位。加/减号前面的数字是以有效数字形式表示的数据,加/减号后面的数字是测量的平均偏差(或误差)。如果将该物放在分析天平上称量,得到的结果是 7.812 5 g,由于分析天平的精密度为 ±0.000 1 g,所以该物质量可以表示为(7.812 5±0.000 1)g,它的有效数字是 5 位。又如,在用最小刻度为 1 mL 的量筒测量液体体积时,测得体积为 17.5 mL,其中 17 mL 是直接由量筒的刻度读出的,而 0.5 mL 是估计的,所以该液体在量筒中的准确读数可表示为(17.5±0.1)mL,它的有效数字是 3 位。如果将该液体用最小刻度为 0.1 mL 的滴定管测量,则测得其体积为 17.56 mL,其中 17.5 mL 是直接从滴定管的刻度读出的,而 0.06 mL 是估计的,所以该液体的体积可以表示为(17.56±0.01)mL,它的有效数字是 4 位。

从上面的例子可以看出,有效数字与仪器的精确程度有关,其最后一位数字是估计的(可疑数),其他的数字都是准确的。因此,在记录测量数据时,任何超过或低于仪器精确程度的有效位数的数字都是不恰当的。如在托盘天平上称取某物质量为 7.8 g,不可计为 7.800 g;在分析天平上称取某物质量恰为 7.800 0 g,亦不可记为 7.8 g。因为前者夸大了

仪器的精确度,后者缩小了仪器的精确度(表1.2)。

表1.2　常用仪器的精确程度及有效数字位数

仪器名称	仪器精密度/g	数据记录示例(质量/g)	有效数字位数
托盘天平	0.1	15.6 ±0.1	3 位
1/100 天平	0.01	15.61 ±0.01	4 位
分析天平	0.000 1	7.8125 ±0.000 1	5 位
仪器名称	仪器平均偏差/mL	数据记录示例(体积/mL)	有效数字位数
10 mL 量筒	0.1	10.0 ±0.1	3 位
100 mL 量筒	1	10 ±1	2 位
仪器名称	仪器相对平均偏差/%	数据记录示例(体积/mL)	有效数字位数
25 mL 移液管	0.2	25.00 ±0.05	4 位
50 mL 滴定管	0.1	25.00 ±0.05	4 位
100 mL 容量瓶	0.2	100.0 ±0.2	4 位

有效数字的位数可用下面几个数值为例来说明(表1.3)。

表1.3　有效数字的位数

数　值	0.001 2	0.010 2	0.102 0	12	12.0	12.00
有效数字的位数	2 位	3 位	4 位	2 位	3 位	4 位

数字1,2,3,4,5,…,9 都可作为有效数字,只有"0"有些特殊。它在数字的中间或数字后面时,则表示一定的数量,应当包括在有效数字的位数中。但是,如果"0"在数字的前面时,它只是定位数字,用来表示小数点的位置,而不是有效数字。在化学实验的数据记录中,常常用科学计数法表示数据。例如,$(1.2 ± 0.1) × 10^{-3}$ 表示 2 位有效数字;$(5.600 ± 0.001) × 10^{-3}$ 表示 4 位有效数字。

在实验数据记录和有关的化学计算中,要特别注意有效数字的运用,否则会使计算结果不准确。

2)有效数字的使用规则

(1)数字修约规则。实验中所测得的各个数据,由于测量的准确程度不完全相同,因而其有效数字的位数可能也不同。在数据的记录和数学运算中需要重新确定各测量值的有效数字位数,舍弃其后多余的数字。舍弃多余数字的过程称为"数字修约"。根据我国国家标准(GB),修约规则为"四舍六入五成双",即当测量值中被修约的那个数字等于或小于 4 时,则舍去。例如,数据16.343 6 要保留一位小数,被修约的数字为4,则 16.343 6 →16.3。

当测量值中被修约的那个数字等于或大于 6 时,则进 1。例如,数据 16.363 6 要保留一位小数,被修约的数字为6,则16.363 6→16.4。

当测量值中被修约的那个数字等于5,而5之后的数字不全为"0"时,则进1。例如,数据1.250 6要保留一位小数,被修约的数字为5,其后数字为06,则1.250 6→1.3。当测量值中被修约的那个数字等于5,而5之后的数字全为0时,5之前的数字为奇数,则进1;5之前的数字为偶数(包括"0"),则不进,总之使末位数成偶数。例如,下列数据保留一位小数:

1.350 0→1.4

1.650 0→1.6

1.050 0→1.0

一个数据不论舍去多少位,只能修约一次。

(2)加减运算。几个数据在进行加、减运算时,所得结果的小数点后面的位数应该与各加、减数中小数点后面位数最少者相同。

例如,将28.3,0.17,6.39三数相加,它们的和为:

$$
\begin{array}{r}
28.3 \\
0.17 \\
+\ )6.39 \\
\hline
34.86
\end{array}
$$

应改为34.9。

显然,在三个相加数值中,28.3是小数点后面位数最少者,该数的精确度只到小数点后一位,即28.3 ± 0.1,所以在其余两个数值中,小数点后的第二位数在加和中是没有意义的。显然加和数中小数点后第二位数值也是没有意义的。因此应当用修约规则弃去多余的数字。

在计算时,为简便起见,可以在进行加减前就将各数值修约,再进行计算。如上述三个数值之和可修约为:

$$
\begin{array}{r}
28.3 \\
0.2 \\
+\ )6.4 \\
\hline
34.9
\end{array}
$$

(3)乘除运算。几个数据在进行乘、除运算时,所得结果的有效数字的位数,应与参与运算的数值中有效数字位数最少的相同,而与小数点的位置无关。

例如,0.012 1,25.64,1.057 82三数相乘,其积为:

$$0.012\ 1\times25.64\times1.057\ 82=0.328\ 182\ 308\ 08$$

所得结果的有效数字的位数应与三个数值中有效数字最少的0.012 1的位数(三位)相同,故结果应改为0.328。这是因为,在数值0.012 1中,0.000 1是不太准确的,它和其他数值相乘时,直接影响到结果的第三位数字,显然乘积中第三位以后的数字是没有意义的。

在进行一连串数值的乘(除)运算时,也可以先将各数修约,然后运算。如上例中三个

数值连乘,可先修约为:

$$0.012\ 1 \times 25.6 \times 1.06$$

在最后结果中应保留 3 位有效数字。需要说明的是,在进行计算的中间过程中,可多保留一位有效数字运算,以消除在修约数字中累积的误差。

(4)对数运算。在对数运算中,真数有效数字的位数应与对数尾数的位数相同,而与首数无关。首数是供定位用的,不是有效数字。

例如:$\lg 15.36 = 1.186\ 4$ 是 4 位有效数字,不能写成 $\lg 15.36 = 1.186$ 或 $\lg 15.36 = 1.186\ 39$。

另外,在数据处理过程中还应注意:

①若数据的首位数字大于 8 时,则有效数字的位数可以多算一位。例如,8.68 可看作 4 位有效数字。

②只有在涉及直接或间接测定的物理量时才考虑有效数字。对于像 π、e 以及手册中查到的常数,可以认为其有效数字的位数是无限的,不影响其他数字的修约,可按需要取适当的位数。一些分数或系数应视其有足够多的有效数字,可以直接计算,不必考虑其本身的修约问题。其他如相对原子质量、摩尔气体常数等基本数值,如需要的有效数字少于公布的数值,可以根据需要修约。

任务 1.4　化学实验中的数据表达与处理

为了表示实验结果并分析其中的规律,需要将实验数据进行归纳和整理。在无机化学实验中主要采用列表法和作图法。

1)列表法

在无机化学实验中,最常用的是两数表。将自变量 x 和因变量 y 一一对应排列成表格,以表示二者的关系。列表时注意以下几点:

(1)每一完整的数据表必须有表的序号、名称、项目、说明及数据来源。

(2)原始数据表格应记录包括重复测量结果的每个数据,表内或表外的适当位置应注明温度、大气压力、日期与时间、仪器与方法等条件。

(3)将表格分为若干行和列。每一自变量 x 占一列,每一因变量 y 占一行。根据物理量 = 数值 × 单位的关系,将量纲、公共乘方因子放在每一行和列的第一栏名称下,以量的符号除以单位来表示,如 $t/℃$,p/kPa 等,使其中的数据尽量化为最简单的形式,一般为纯数。

(4)每一行所记录的数字应注意其有效数字的位数,按照小数点将数据对齐。如果用指数表示数据时,可将指数放在行名旁,此时指数上的正、负号应异号。例如:测得的 K_a 为 1.75×10^{-5},则行名可写为 $K_a \times 10^5$。

(5)自变量的选择有一定的灵活性。通常选择较简单的变量(如温度、时间、浓度等)

作为自变量。自变量要有规律地递增或递减,最好为等间隔。

2)作图法

实验数据常需要用图形来表达,图形可直观地表示数据的规律性和特点。根据图形还可求得斜率、截距、内插值、外推值等。因此,作图的好坏与实验结果有着直接的关系。可以利用各种具有作图功能的软件(如 Excel,Origin,Chemoffice 等)作图,也可以用坐标纸手工绘图。作图时要遵循共同的原则:

(1)选取坐标轴。在直角坐标中,通常横轴表示自变量,纵轴表示因变量。坐标轴旁需要标明该轴代表变量的名称和单位。纵轴左面及横轴下面每隔一定距离标出该处变量的数值,横轴从左向右,纵轴自下而上。

(2)坐标轴上比例尺的选择原则。选择合理的比例尺,确定图形的最大值和最小值的大致位置;使分度能表示出测量的全部有效数字,从图上读出的有效数字与实验测量的有效数字要一致;要考虑图的大小布局,坐标起点不一定从“0”开始,要能使数据的点分散开;分度所对应的数值以 1,2,5 为好,切忌 3,7,9 或小数,使数据易读,有利于计算。

(3)标定坐标点。根据数据的两个变量,在坐标内确定坐标点。在一张图上若有数组不同的测量值时,应以不同种类符号表示,例如,×、⊙、△等,并在图例中注明。各图形中心点及面积大小要与所测数据及其误差相适应,不能过大或过小。

(4)画出图线将各点连成光滑的线。当曲线不能完全通过所有点时,应尽量使其两边数据点个数均等,且各点离曲线距离的平方和最小,其距离表示了测量的误差。若作直线求斜率,应尽量使直线成45°。作图软件中配备多种处理数据的函数功能,便于使用者根据需要选取。具体操作可参阅作图软件说明书。

(5)写图题。数据点上不要标注数据,报告上要有完整的数据表。

 目标检测

1.误差和偏差有何不同? 准确度与精密度有何关系? 用相对平均偏差表示测定结果有何优点? 如何计算相对平均偏差?

2.如何减小称量误差和滴定误差?

3.与纯数学的数值相比,化学测量数据有何含义?

4.确定有效数字位数时,“0”何时表现为有效数字,何时不表现为有效数字?

5.有效数字的运算遵循什么规则?

项目2　原子结构与元素周期表

📖 【学习目标】

➤ 掌握：四个量子数的物理意义及其关系；核外电子排布规律，1—36 号元素基态原子的电子层结构；元素周期律；共价键的特征；价键理论；杂化轨道理论。

➤ 熟悉：元素周期表中各区元素价电子层结构特征；共价键参数；分子的极性和分子间的作用力。

➤ 了解：原子结构的组成和同位素的概念；原子核外电子运动状态的秒速和核外电子的排布规律；波函数、离子键。

🛫 案例导入

在微观世界里，原子是物质发生化学变化的基本微粒，人们对物质内部结构的认识，经过了漫长而艰苦的探索。在道尔顿（Dalton）及卢瑟福（Rutherford）原子模型基础上，基于氢原子光谱是不连续光谱的实验事实，丹麦物理学家玻尔（Bohr）于 1913 年提出了玻尔原子理论。其理论要点为：

①原子核外电子，只能在一系列无辐射的固定轨道上运动，称为定态。

②各定态的能量是不连续的，其中能量最低的定态称为基态，其他的称为激发态，轨道的这些不同能量状态称为能级。

③当电子从较高能级（E_2）向较低能级（E_1）跃迁时，原子以光子形式放出能量，光子能量 $E = E_2 - E_1$。由于 $E = h\nu$，因此可以确定原子发光频率，从而圆满解释氢原子发射的光谱是一系列不连续光谱的实验事实。

但在研究多电子原子光谱时，玻尔原子理论遇到了挑战。随着人们对微观世界认识的不断深入，玻尔原子理论逐渐被近代量子力学和量子化学理论取代。

问题：1.如何描述原子核外电子运动状态？

2.元素性质和原子结构有何规律？

3.原子是如何形成分子的？

世界是由物质组成的。物质变化的根本原因在于其内部的结构发生了变化，物质在不同条件下表现出来的各种性质都与它们的结构有关，在一般的化学反应中，只与原子核外电子的运动状态有关。因此,本项目主要讨论原子核外电子层的结构和电子运动规律。在此基础上介绍元素周期表,并进一步阐明元素及其化合物性质变化的周期性规律。

任务 2.1　原子核外电子的运动状态

2.1.1　人类对原子结构的认识

“原子”一词最早是由古希腊哲学家德谟克利特(Democritus)提出的,意为“不可分割”。19世纪初,道尔顿建立了近代原子论,他认为原子是有质量的,是不可再分的,同一种元素的原子相同,不同元素的原子则不同。然而,19世纪末20世纪初,电子及原子核的发现推翻了原子不可再分的观点。

1897年,汤姆逊(Thomson)测定了电子的荷质比(e/m),并发现电子普遍存在于原子中。

1911年,卢瑟福通过 α 粒子散射实验证实了原子中存在质量较重、带正电荷的原子核,提出了行星系式核型原子模型:原子中存在一个原子核,它集中原子的全部正电荷和几乎全部的质量,带负电荷的电子在核外空间绕核高速运动。卢瑟福的原子模型在当时能解释一些实验现象,但无法解释当时已经发现的线状原子光谱。按照经典电动力学理论,带负电荷的电子在绕核旋转时,必然会发射电磁波,即要不断地释放出能量,电子绕核旋转的轨道半径将越来越小,最后电子将会掉到原子核上而毁灭。这与原子客观存在的事实不符。另外,根据卢瑟福的原子模型,电子绕核高速运动,其放出的能量是连续的,那么得到的原子光谱应该是连续的带状光谱,但实验得到的原子光谱却是线状的。

人们对原子结构的认识是和原子光谱实验分不开的。1913年,玻尔在氢原子光谱和普朗克量子论的基础上提出了关于原子结构的假设,即玻尔理论。其内容如下:

(1)在原子中,电子只能沿着一定能量的轨道运动,这些轨道称为稳定轨道。电子运动时所处的能量状态称为能级。轨道不同,能级也不同。

(2)电子只有从一个轨道跃迁到另一轨道时,才有能量的吸收或放出。

玻尔理论成功地解释了氢原子光谱,阐明了谱线的波长(λ)与电子在不同轨道之间跃迁时能级差的关系,因而在原子结构理论的发展过程中做出了很大的贡献。但是该理论不能解释多电子原子光谱、氢原子光谱的精细结构(在精密的分光镜下,发现氢光谱的每一条谱线是由几条波长相差甚微的谱线所组成的)等新的实验事实。其原因是该理论没有完全摆脱经典力学的束缚,电子在固定轨道上绕核运动的观点不符合微观粒子的运动特性。因此随着科学的发展,玻尔的原子结构理论便被原子的量子力学理论所代替。

2.1.2　原子的组成

原子是由原子核和核外电子组成的,原子核是由质子和中子组成的。电子在核外空间一定范围内绕核作高速运动。

原子核位于原子的中心,其中质子带一个单位正电荷,中子不带电,所以原子核所带正电荷数等于核内质子数;核外电子带一个单位负电荷。元素原子的原子核所含的正电荷数与其核外电子所带的负电荷数相等,原子是呈电中性的。质子、中子、电子的基本特征可参见表2.1。

表2.1　原子中基本粒子的特征

粒子名称	符号	质量/kg	原子质量单位	近似相对粒子质量	电荷(电子电量)
质子	p	1.673×10^{-27}	1.007	1.0	+1
中子	n	1.675×10^{-27}	1.008	1.0	0
电子	e	9.110×10^{-31}	0.000 55	0.0	-1

质子数决定元素的种类。不同种类元素的原子核内质子数不同,核电荷数就不同,核外电子数也不同。将已知元素按核电荷数从小到大依次排列起来得到的顺序号,称为元素的原子序数,用 Z 表示。

$$原子序数(Z) = 核电荷数 = 核内质子数 = 核外电子数$$

原子的质量应为原子核的质量和核外电子的质量之和。由表2.1中数据可见,质子和中子的相对质量分别为1.007和1.008,取近似整数值为1。而电子的质量很小,一个电子的质量仅为一个质子质量的1/1 837,故原子质量主要集中在原子核上,电子的质量可以忽略不计。

原子的相对质量的整数部分就等于质子相对质量(取整数)和中子相对质量(取整数)之和,这个数值称为质量数,用符号 A 表示。显然,质量数等于原子所含质子数与中子数之和,即:

$$质量数(A) = 质子数(Z) + 中子数(N)$$

若已知上述三个数值中的任意两个,就可以推算出另一个数值来。

例2.1　已知氯原子的原子序数为17,质量数为35,则

$$氯原子的中子数(N) = A - Z = 35 - 17 = 18$$

若以 $_Z^A X$ 代表原子的组成。元素符号为X,元素符号的左下角标记核电荷数,左上角标记质量数,则构成原子的粒子间的关系。可表示如下:

$$原子{}_Z^A X \begin{cases} 原子核 \begin{cases} 质子 Z \text{ 个} \\ 中子(A-Z) \text{ 个} \end{cases} \\ 核外电子 Z \text{ 个} \end{cases}$$

2.1.3　同位素

元素是原子核里含有相同质子数(即核电荷数)的一类原子的总称。同一种元素的原子中所含质子数是相同的,但中子数可以不同。这种质子数相同而中子数不同的同一种元素的不同原子互称为同位素。例如:氢元素有三种同位素,${}_1^1 H$ 即通常所指的氢(H),又称氕(音撇),其核内只有一个质子;${}_1^2 H$ 叫重氢,又称氘(音刀),核内有一个质子和一个中子;${}_1^3 H$ 叫超重氢,又称氚(音川),核内有一个质子和两个中子。氘和氚是制造氢弹的重要原料。目前已知,几乎所有的元素,其同位素少则几种,多则十几种。自然界存在的各种元素的同位素共三百多种,而人造同位素达一千二百多种。同一种元素的各种同位素虽然质量数不同,但它们的化学性质几乎完全相同。

在自然界存在的某种元素里,不论是游离态还是化合态,各种同位素所占的原子百分比一般是不变的。这个百分比称为"丰度"。我们通常使用的元素的相对原子质量,就是按各种天然同位素原子的质量和丰度算出来的平均值。例如氯元素是 ${}_{17}^{35} Cl$ 和 ${}_{17}^{37} Cl$ 两种同位素的混合物,表 2.2 列出了氯元素的两种同位素相对原子的质量、丰度以及平均相对原子质量的计算。

表 2.2　氯元素的平均相对原子质量的计算

同位素	相对原子质量	丰　度
${}_{17}^{35} Cl$	34.969	75.77%
${}_{17}^{37} Cl$	36.966	24.23%
氯元素的两种同位素的平均相对原子质量	$34.969 \times 75.77\% + 36.966 \times 24.23\% = 35.453$	

其他元素的相对原子质量也是它们各种同位素的相对原子质量的平均值。所以相对原子质量常常不是整数。

2.1.4　电子的波粒二象性

光在传播过程中的干涉、衍射等实验现象说明光具有波动性,而光电效应、原子光谱等现象则说明光具有粒子性。所以光既有波动性又有粒子性,这称为光的波粒二象性。

电子的发现和光电效应等实验事实,早就证实了电子的粒子性。电子的质量和体积都很小,但它在原子核外运动的速度却大得惊人,接近光速($3 \times 10^8 \text{m/s}$)。人们受到光的波粒二象性的启发,想到高速运动的电子是否也具有波粒二象性呢。1927 年,戴维逊(Davisson)和革末(Germer)进行了电子衍射实验(图2.1),当将一束高速运动的电子流通过镍晶体(作为光栅)而射到主光屏上时,结果得到了和光衍射现象相似的一系列明暗交替的衍射环纹,这种现象称为电子衍射。衍射是一切波动的共同特性,由此充分证明了高速运动的电子流除有粒子性外,也有波动性,叫作电子的波粒二象性。除光子、电子外,其他微观粒子如质子、中子等也具有波粒二象性。

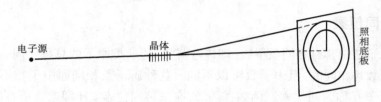

电子源　　　　　　晶体　　　　　　　　　照相底板

图2.1　电子衍射示意图

这种具有波粒二象性的微观粒子,其运动状态和宏观物体的运动状态不同。例如导弹、人造卫星等的运动,它在任何瞬间,人们都能根据经典力学理论,准确地同时测定它的位置和动量(动量等于质量和速度的乘积),也能够精确地预测出它的运行轨道。但是,像电子这类微观粒子的运动,由于兼具波动性,人们在任何瞬间都不能准确地同时测定电子的位置和动量;它也没有确定的运动轨道。经典力学理论无法描绘电子的运动状态。所以,在研究原子核外电子的运动状态时,必须完全摒弃用经典力学理论来描述微观粒子运动的量子力学理论。

任务 2.2　原子结构的近代概念

1924 年,法国物理学家德布罗意(Broglie)首次提出微观粒子(电子、原子等)具有波粒二象性。这个假设被后来的电子衍射实验所证实,从而开创了近代原子结构理论研究。1927 年,德国物理学家海森堡(Heisenberg)指出,微观粒子,由于其具有波粒二象性的特性,不可能同时准确测定其位置和速率,这就是著名的"测不准原理"。

2.2.1　波函数和量子数

1)波函数

1926 年,奥地利物理学家薛定谔(Schrödinger)依据量子力学原理和电子具有波粒二象性的特点,提出著名的用于描述原子核外电子运动状态的薛定谔方程。

$$\frac{\partial^2 \varphi}{\partial x^2} + \frac{\partial^2 \varphi}{\partial y^2} + \frac{\partial^2 \varphi}{\partial z^2} + \frac{8\pi^2 m}{h^2}(E - V)\varphi = 0$$

式中,φ 为波函数,x,y,z 为电子位置的空间坐标,E 为总能量,V 为总势能,m 为电子质量,h 为普朗克常数,π 为圆周率,∂ 为偏微分符号。

求解薛定谔方程可以得到一系列数学解——波函数,但只有满足一定量子化条件的解才是合理的,这些合理的解对应着电子在空间的不同运动状态。由此引入三个量子数 n,l,m 来表示电子每一种空间运动状态,即 $\varphi_{n,l,m}$。人们形象地将每一个合理的解 $\varphi_{n,l,m}$ 称为原子轨道,如 $\varphi_{1,0,0}$ (即 φ_{1s}) 对应 1s 原子轨道; $\varphi_{2,1,0}$ (即 φ_{2p}) 对应 2p 原子轨道。原子轨道是指电子在核外运动的空间范围。

　　用图像描述 $\varphi_{n,l,m}$ 对应的原子轨道会更形象直观,波函数的图像可分为径向分布图和角度分布图。原子 s,p,d 轨道的角度分布剖面图,如图 2.2 所示。

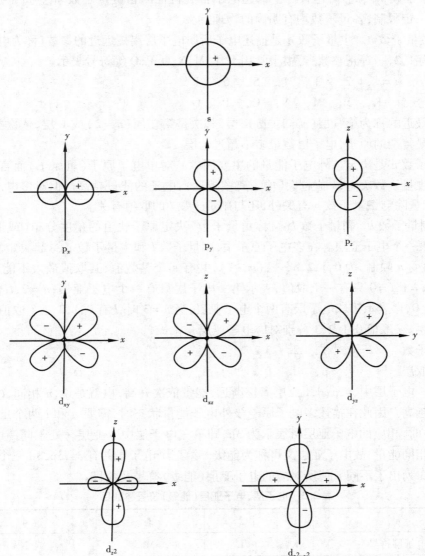

图 2.2　原子 s,p,d 轨道的角度分布剖面图

　　s 轨道的角度分布是球形,其剖面是一个圆形;p 轨道剖面图是两个圆形("8"字形),分布在三个方向,分别为 p_x,p_y,p_z;d 轨道共有五种不同的角度分布图,分别为 d_{xy},d_{yz},d_{xz},d_{z^2},$d_{x^2-y^2}$。

原子轨道角度分布图中"＋""－"号,表明波函数角度部分的值在该区域为"＋"值或"－"值。这种"＋""－"号的存在,可以成功地解释由原子轨道重叠形成共价键时必须满足轨道对称性的原因。

2）量子数

描述核外电子运动状态,解薛定谔方程时引入三个量子数,分别是主量子数 n、副量子数 l 和磁量子数 m。此外,还有一个描述电子自旋特征的自旋量子数 m_s。每个量子数的取值都有一定限制,各量子数均有明确的物理意义。

（1）主量子数 n。主量子数 n 是描述电子所属电子层离核远近的参数,称为电子层数。n 的取值为 $1,2,\cdots$ 等正整数,习惯上常用 K,L,M,N,O,P,Q 等符号表示。

主量子数　　$n＝1$,　2,　3,　4,　5,　6,　7

电子层符号　　K,　L,　M,　N,　O,　P,　Q

离核最近的称为第一层（$n＝1$）或 K 层,其次是第二层（$n＝2$）或 L 层,依次类推。现在已知的最复杂的原子,电子层数最多不超过七层。

主量子数 n 是决定核外电子能量的主要因素。对单电子原子（氢原子）而言,电子能量完全由主量子数决定,n 值越大（电子离核越远）,电子的能量越高。但对多电子原子来说,电子能量除与主量子数 n 有关外,还与副量子数 l 的取值有关。

（2）副量子数 l。副量子数 l（又称角量子数）决定原子轨道的角度分布（或形状）,每个 l 值代表一个电子亚层。在多电子原子中,副量子数 l 和主量子数 n 一起决定轨道的能级。l 取值受 n 限制,为 $0,1,2,3,\cdots,(n-1)$,共有 n 个整数值,其取值最大不能超过 $n-1$。例如,$n＝1,l＝0$ 只有一个取值,表示第一电子层只有一个电子亚层;$n＝2,l$ 有两个取值,分别是 $0,1$,表示第二电子层有两个电子亚层;当 $n＝3$ 时,l 有 $0,1,2$ 三个取值,即有三个电子亚层。l 取值 $0,1,2,3$ 分别对应电子亚层 s,p,d,f。

角量子数　　$l＝0$,　1,　2,　3

电子亚层　　　s,　p,　d,　f

在同一电子层中,s,p,d,f 亚层离核渐远,能量依次升高,也就是说,n 相同,l 值越大,电子能量越高。因此在描述多电子原子核外电子能量状态时,需要 n 和 l 两个量子数,如 $n＝3,l＝1$ 时,相应的电子亚层可表示为 3p,即第三电子层中 p 亚层。处于同一电子亚层电子具有相同能量,故电子亚层又可称为能级。第三个电子层共有 3s,3p,3d 三个能级。

表 2.3 列出了不同 n 值所对应的电子亚层（能级）符号及数目。

表 2.3　电子层、电子亚层（能级）符号和数目

n	1	2		3			4			
电子层符号	K	L		M			N			
l	0	0	1	0	1	2	0	1	2	3
电子亚层（能级）符号	1s	2s	2p	3s	3p	3d	4s	4p	4d	4f
电子亚层（能级）数目	1	2		3			4			

课堂互动

请写出 4p,3d 电子亚层所对应的主量子数 n 和副量子数 l 的取值,并说出它们代表的含义。

（3）磁量子数 m。磁量子数 m 是用来描述原子轨道或电子云空间伸展方向的参数,其取值由副量子数 l 决定。m 的取值为 $0,\pm1,\pm2,\cdots,\pm l$。如 $l=1$（即 p 轨道）,m 对应的取值分别为 $-1,0,+1$ 共三种,代表 p 亚层有三种伸展方向,分别为 p_x,p_y 和 p_z。

每一种具有一定形状和伸展方向的电子云所占据的空间称为一个原子轨道,故 p 亚层有三个分别以 x,y,z 轴为对称的 p_x,p_y 和 p_z 原子轨道,这三个轨道伸展方向相互垂直。d 亚层有五个原子轨道,而 f 亚层原子轨道数目则为七个。

在没有外加磁场的情况下,l 相同 m 不同的原子轨道,其能量是相同的。不同原子轨道具有相同能量的现象称为能量简并,能量相同的各原子轨道称为简并轨道（或等价轨道）。简并轨道的数目称为简并度。例如,$l=1$（p）对应有三个简并轨道 p_x,p_y 和 p_z,其简并度为3。

亚层符号　　　　p　d　f
简并轨道数目　　3　5　7

课堂互动

请写出 $l=2$ 时,m 的所有取值,并说出其简并轨道的名称和数目。

现将量子数 n,l,m 的关系及每一个电子层的轨道总数归纳于表 2.4 中。

对各个电子层可能有的最多轨道数进行归纳,可以得到表 2.5。

表 2.4　n,l,m 的关系及轨道数

主量子数 n		角量子数 l		磁量子数 m		亚层轨道数 $(2l+1)$	电子层轨道数 (n^2)
取值	电子层符号	取值	亚层符号	取　值	原子轨道符号		
1	K	0	1s	0	1s	1	1
2	L	0	2s	0	2s	1	4
		1	2p	$0,\pm1$	$2p_x,2p_y,2p_z$	3	
3	M	0	3s	0	3s	1	9
		1	3p	$0,\pm1$	$3p_x,3p_y,3p_z$	3	
		2	3d	$0,\pm1,\pm2$	$3d_{xy},3d_{xz},3d_{yz},3d_{z^2},3d_{x^2-y^2}$	5	

续表

主量子数 n		角量子数 l		磁量子数 m		亚层轨道数 $(2l+1)$	电子层轨道数 (n^2)
取值	电子层符号	取值	亚层符号	取值	原子轨道符号		
4	N	0	4s	0	3s	1	16
		1	4p	0，±1	$3p_x, 3p_y, 3p_z$	3	
		2	4d	0，±1，±2	$3d_{xy}, 3d_{xz}, 3d_{yz}, 3d_{z^2}, 3d_{x^2-y^2}$	5	
		3	4f	0，±1，±2，±3	$4f_{xyz}$， $4f_{xz^2}$， $4f_{yz^2}$， $4f_{y(3x^2-y^2)}$， $4f_{x(x^2-3y^2)}$， $4f_{z(x^2-y^2)}$，$4f_{z^3}$	7	

表 2.5　各电子层可能的最多轨道数

电子层数(n)	电子亚层	轨道数
K($n=1$)	1s	$1 = 1^2$
L($n=2$)	2s2p	$1 + 3 = 4 = 2^2$
M($n=3$)	3s3p3d	$1 + 3 + 5 = 9 = 3^2$
N($n=4$)	4s4p4d	$1 + 3 + 5 + 7 = 16 = 4^2$
n	—	n^2

由表 2.5 可知,每一个电子层所具有的轨道数由主量子数 n 决定,为 n^2。

(4)自旋量子数(m_s)。电子一方面围绕着原子核高速运动,同时也围绕着电子自身的轴转动,称为电子自旋。自旋量子数 m_s,是用来描述核外电子自旋方向的参数。m_s 的取值只有两个($+\frac{1}{2}$ 和 $-\frac{1}{2}$),分别代表电子的两种自旋方向,可表示为顺时针方向和逆时针方向,通常用向上和向下箭头表示,即"↑"和"↓"。

综上所述,原子核外每个电子的运动状态可以用四个量子数来描述,n, l, m 确定电子所在的轨道,m_s 确定了电子的自旋状态。

课堂互动

请为下列各组量子数填充合理的值。

(1)$n = ($　　$), l = 3, m = +2, m_s = +\frac{1}{2}$;

(2)$n = 2, l = ($　　$), m = +1, m_s = -\frac{1}{2}$;

（3）$n=4, l=0, m=($　　$), m_s=+\dfrac{1}{2}$;

（4）$n=1, l=0, m=0, m_s=($　　$)$。

2.2.2　电子云

按照量子力学理论和测不准原理,在描述核外电子运动时,只能指出电子在核外空间某处出现的概率。电子在原子核外空间各区域出现的概率是不同的,在一定时间内,某些地方电子出现的概率较大,而在另一些地方电子出现的概率较小。电子在空间某处出现的概率由波函数绝对值的平方$|\varphi|^2$决定。空间各点$|\varphi|^2$值的大小反映电子在各点附近单位微体积元中出现概率的大小（即概率密度）,这是$|\varphi|^2$的物理意义。$|\varphi|^2$值大,表明单位体积内电子出现的概率大;反之亦然。

常常将电子的概率密度（$|\varphi|^2$）在空间的分布称为"电子云"。氢原子1s电子云如图2.3（a）所示。

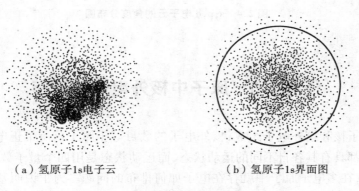

（a）氢原子1s电子云　　　　　　（b）氢原子1s界面图

图2.3　氢原子的1s电子云示意图

从图2.3（a）可以看出,氢原子1s电子云为球形,图中黑点较密的地方,说明电子在该区域出现的概率较大,黑点较疏的地方,说明电子在该区域出现的概率较小。离核越近,黑点越密,电子的概率密度越大;离核越远,黑点越疏,电子的概率密度越小。电子云形象地表示了电子在核外空间各区域出现的概率大小,是电子在核外空间分布的具体图像。

除了用小黑点表示电子云外,也常用电子云界面图表示,如图2.3（b）所示。电子云界面是一个等密度面,电子在此界面内出现的概率占95%以上。

依据原子轨道角度分布图可以得到相应电子云的角度分布图。s,p,d电子云的角度分布如图2.4所示。

比较电子云角度分布图与原子轨道角度分布图不难发现,两种图形基本相似,但有两点不同:一是电子云角度分布图比相应原子轨道角度分布图要"瘦"一些;二是原子轨道有正负号之分,电子云没有正负号,这是因为$|\varphi|^2$的结果。

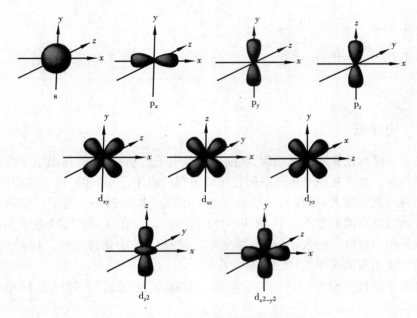

图 2.4 s,p,d 电子云的角度分布图

任务 2.3 原子中核外电子的排布

原子由原子核和核外电子组成,核外电子的数目等于原子核所带正电荷的数目。核外每一个电子都具有其各自不同的运动状态,而运动状态是用四个量子数(n,l,m,m_s)来描述的。因此,在多电子原子中就存在电子如何排布的问题。为了说明基态原子的电子排布,根据光谱实验结果,并结合对元素周期律的分析,人们总结出了核外电子排布的三条规律。

2.3.1 核外电子排布规律

1)泡利不相容原理

1925 年,泡利(Pauli)根据原子的光谱现象和考虑到周期表中每一周期元素的数目,提出:在同一原子中不可能有四个量子数完全相同的两个电子。换句话说,在同一轨道上最多只能容纳两个自旋方向相反的电子。

应用泡利不相容原理,可以推算出每一电子层上电子的最大容量。所以对于主量子数为 n 的电子层,其轨道总数为 n^2 个,该层能容纳的最多电子数为 $2n^2$。

2)能量最低原理

自然界任何体系总是能量越低,所处状态越稳定,这个规律称为能量最低原理。原子核外电子的排布也遵循这个原理。所以,随着原子序数的递增,电子总是优先进入能量最低的能级,可依鲍林近似能级图逐级填入。

鲍林(Pauling)根据光谱实验结果,总结出多电子原子中原子轨道能量相对高低的一般情况。每个小圆圈代表一个原子轨道,由图 2.5 可知,原子轨道能量是不连续的,像阶梯一样变化,因此通常称为鲍林近似能级图。

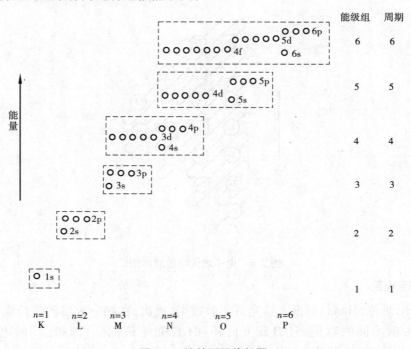

图 2.5　鲍林近似能级图

近似能级图按照能量由低到高的顺序排列,并将能量相近的能级划归一组,称为能级组,用虚线框起来。相邻能级组之间能量相差比较大。每个能级组(除第一能级组)都是从 s 能级开始,于 p 能级终止。能级组数等于核外电子层数。

(1)同一原子中的同一电子层内,各亚层之间的能量次序为:$n\text{s} < m\text{p} < n\text{d} < n\text{f}$;

(2)同一原子中的不同电子层内,相同类型亚层之间的能量次序为:$1\text{s} < 2\text{s} < 3\text{s}\cdots$;

(3)同一原子中的第三层以上的电子层中,不同类型的亚层之间,在能级组中常出现能级交错现象,如:$4\text{s} < 3\text{d} < 4\text{p};5\text{s} < 4\text{d} < 5\text{p};6\text{s} < 4\text{f} < 5\text{d} < 6\text{p}$。

必须指出,鲍林近似能级图反映了多电子原子中原子轨道能量的近似高低。不能认为所有元素原子中的能级高低都是一成不变的,更不能用它来比较不同元素原子轨道能级的相对高低。

基态原子外层电子填充顺序　　　　　$n\text{s} \rightarrow (n-2)\text{f} \rightarrow (n-1)\text{d} \rightarrow n\text{p}$

基态原子失去外层电子的顺序　　　　$n\text{p} \rightarrow n\text{s} \rightarrow (n-1)\text{d} \rightarrow (n-2)\text{f}$

例如,Fe 的最高能级组电子填充的顺序为:先填 4s 轨道上的 2 个电子,再填 3d 轨道上的 6 个电子。而在失去电子时,却是先失去 2 个 4s 电子(成为 Fe^{2+}),再失去 1 个 3d 电子(成为 Fe^{3+})。

将图 2.5 中按轨道能量高低,将邻近的能级用虚线方框分为 7 个能级组,每个能级组内各亚层轨道间的能量差别较小,而相邻能级组间的能量差别则较大。这些能级组是元素长式周期表划分周期的基础。

根据多电子原子的近似能级图来排列核外电子,其排布还是呈现一定规律的,其规律如图 2.6 所示。

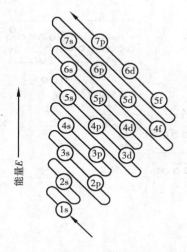

图 2.6　电子填入轨道顺序图

3)洪德规则

1925 年,洪德(Hund)根据大量光谱实验数据,提出:在同一亚层的等价轨道上,电子将尽可能占据不同的轨道,且自旋方向相同(总能量最低)。例如:$_6$C 的电子排布为 $1s^22s^22p^2$,其轨道上的电子排布如图 2.7 所示。

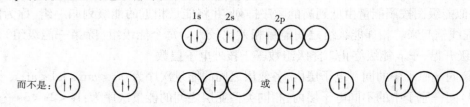

图 2.7　$_6$C 轨道上的电子排布

此外,根据光谱实验结果,又归纳出一个规律:等价轨道在全充满、半充满或全空状态是比较稳定的,即 p^6 或 d^{10} 或 f^{14} 全充满、p^3 或 d^5 或 f^7 半充满、p^0 或 d^0 或 f^0 全空。

例如,铬和铜原子核外电子的排布式:

$_{24}$Cr 不是 $1s^22s^22p^63s^23p^63d^44s^2$,而是 $1s^22s^22p^63s^23p^63d^54s^1$。$3d^5$ 为半充满。

$_{29}$Cu 不是 $1s^22s^22p^63s^23p^63d^94s^2$,而是 $1s^22s^22p^63s^23p^63d^{10}4s^1$。$3d^{10}$ 为全充满。

为了书写方便,以上两例的电子排布式也可简写成:

$$_{24}Cr:[Ar]3d^54s^1,_{29}Cu:[Ar]:3d^{10}4s^1$$

方括号中所列稀有气体表示该原子内层的电子结构与此稀有气体原子的电子结构一样,[Ar],[K],[Xe]等称为原子芯。

■ 课堂互动

请分别写出碳原子和氧原子的电子排布式及轨道表示式。

2.3.2 基态原子电子构型和价电子构型

根据上述电子排布的三条规律,利用鲍林近似能级图的顺序,在大量光谱实验的基础上,可以排出元素周期表中各元素原子的核外电子层结构,见表2.6。这对大多数元素来说是一致的,但也有少数不符。对于这种情况,应以事实为准,有些不符的也可以用洪德规则特例来解释:当p,d,f等价轨道上的电子处于半充满或全充满时,可以使原子处于稳定的状态,后来这种特例被量子力学定量地加以了证明。

表2.6 原子(核电荷数为1—109的元素原子)的核外电子排布(基态)

周期	原子序数	元素符号	元素名称	电子层						
				K	L	M	N	O	P	Q
				1s	2s 2p	3s 3p 3d	4s 4p 4d 4f	5s 5p 5d 5f	6s 6p 6d	7s
1	1	H	氢	1						
	2	He	氦	2						
2	3	Li	锂	2	1					
	4	Be	铍	2	2					
	5	B	硼	2	2 1					
	6	C	碳	2	2 2					
	7	N	氮	2	2 3					
	8	O	氧	2	2 4					
	9	F	氟	2	2 5					
	10	Ne	氖	2	2 6					
3	11	Na	钠	2	2 6	1				
	12	Mg	镁	2	2 6	2				
	13	Al	铝	2	2 6	2 1				
	14	Si	硅	2	2 6	2 2				
	15	P	磷	2	2 6	2 3				
	16	S	硫	2	2 6	2 4				
	17	Cl	氯	2	2 6	2 5				
	18	Ar	氩	2	2 6	2 6				

续表

周期	原子序数	元素符号	元素名称	电子层																	
				K	L		M			N				O				P			Q
				1s	2s	2p	3s	3p	3d	4s	4p	4d	4f	5s	5p	5d	5f	6s	6p	6d	7s
4	19	K	钾	2	2	6	2	6		1											
	20	Ca	钙	2	2	6	2	6		2											
	21	Sc	钪	2	2	6	2	6	1	2											
	22	Ti	钛	2	2	6	2	6	2	2											
	23	V	钒	2	2	6	2	6	3	2											
	24	Cr	铬	2	2	6	2	6	5	1											
	25	Mn	锰	2	2	6	2	6	5	2											
	26	Fe	铁	2	2	6	2	6	6	2											
	27	Co	钴	2	2	6	2	6	7	2											
	28	Ni	镍	2	2	6	2	6	8	2											
	29	Cu	铜	2	2	6	2	6	10	1											
	30	Zn	锌	2	2	6	2	6	10	2											
	31	Ga	镓	2	2	6	2	6	10	2	1										
	32	Ge	锗	2	2	6	2	6	10	2	2										
	33	As	砷	2	2	6	2	6	10	2	3										
	34	Se	硒	2	2	6	2	6	10	2	4										
	35	Br	溴	2	2	6	2	6	10	2	5										
	36	Kr	氪	2	2	6	2	6	10	2	6										
5	37	Rb	铷	2	2	6	2	6	10	2	6			1							
	38	Sr	锶	2	2	6	2	6	10	2	6			2							
	39	Y	钇	2	2	6	2	6	10	2	6	1		2							
	40	Zr	锆	2	2	6	2	6	10	2	6	2		2							
	41	Nb	铌	2	2	6	2	6	10	2	6	4		1							
	42	Mo	钼	2	2	6	2	6	10	2	6	5		1							
	43	Tc	锝	2	2	6	2	6	10	2	6	5		2							
	44	Ru	钌	2	2	6	2	6	10	2	6	7		1							
	45	Rh	铑	2	2	6	2	6	10	2	6	8		1							
	46	Pd	钯	2	2	6	2	6	10	2	6	10		0							
	47	Ag	银	2	2	6	2	6	10	2	6	10		1							
	48	Cd	镉	2	2	6	2	6	10	2	6	10		2							
	49	In	铟	2	2	6	2	6	10	2	6	10		2	1						
	50	Sn	锡	2	2	6	2	6	10	2	6	10		2	2						
	51	Sb	锑	2	2	6	2	6	10	2	6	10		2	3						
	52	Te	碲	2	2	6	2	6	10	2	6	10		2	4						
	53	I	碘	2	2	6	2	6	10	2	6	10		2	5						
	54	Xe	氙	2	2	6	2	6	10	2	6	10		2	6						

续表

周期	原子序数	元素符号	元素名称	电子层																	
				K	L		M			N				O				P			Q
				1s	2s	2p	3s	3p	3d	4s	4p	4d	4f	5s	5p	5d	5f	6s	6p	6d	7s
6	55	Cs	铯	2	2	6	2	6	10	2	6	10		2	6			1			
	56	Ba	钡	2	2	6	2	6	10	2	6	10		2	6			2			
	57	La	镧	2	2	6	2	6	10	2	6	10		2	6	1		2			
	58	Ce	铈	2	2	6	2	6	10	2	6	10	1	2	6	1		2			
	59	Pr	镨	2	2	6	2	6	10	2	6	10	3	2	6			2			
	60	Nd	钕	2	2	6	2	6	10	2	6	10	4	2	6			2			
	61	Pm	钷	2	2	6	2	6	10	2	6	10	5	2	6			2			
	62	Sm	钐	2	2	6	2	6	10	2	6	10	6	2	6			2			
	62	Eu	铕	2	2	6	2	6	10	2	6	10	7	2	6	1		2			
	64	Gd	钆	2	2	6	2	6	10	2	6	10	7	2	6			2			
	65	Tb	铽	2	2	6	2	6	10	2	6	10	9	2	6			2			
	66	Dy	镝	2	2	6	2	6	10	2	6	10	10	2	6			2			
	67	Ho	钬	2	2	6	2	6	10	2	6	10	11	2	6			2			
	68	Er	铒	2	2	6	2	6	10	2	6	10	12	2	6			2			
	69	Tm	铥	2	2	6	2	6	10	2	6	10	13	2	6			2			
	70	Yb	镱	2	2	6	2	6	10	2	6	10	14	2	6			2			
	71	Lu	镥	2	2	6	2	6	10	2	6	10	14	2	6	1		2			
	72	Hf	铪	2	2	6	2	6	10	2	6	10	14	2	6	2		2			
	73	Ta	钽	2	2	6	2	6	10	2	6	10	14	2	6	3		2			
	74	W	钨	2	2	6	2	6	10	2	6	10	14	2	6	4		2			
	75	Re	铼	2	2	6	2	6	10	2	6	10	14	2	6	5		2			
	76	Os	锇	2	2	6	2	6	10	2	6	10	14	2	6	6		2			
	77	Ir	铱	2	2	6	2	6	10	2	6	10	14	2	6	7		2			
	78	Pt	铂	2	2	6	2	6	10	2	6	10	14	2	6	9		1			
	79	Au	金	2	2	6	2	6	10	2	6	10	14	2	6	10		1			
	80	Hg	汞	2	2	6	2	6	10	2	6	10	14	2	6	10		2			
	81	Tl	铊	2	2	6	2	6	10	2	6	10	14	2	6	10		2	1		
	82	Pb	铅	2	2	6	2	6	10	2	6	10	14	2	6	10		2	2		
	83	Bi	铋	2	2	6	2	6	10	2	6	10	14	2	6	10		2	3		
	84	Po	钋	2	2	6	2	6	10	2	6	10	14	2	6	10		2	4		
	85	At	砹	2	2	6	2	6	10	2	6	10	14	2	6	10		2	5		
	86	Rn	氡	2	2	6	2	6	10	2	6	10	14	2	6	10		2	6		

续表

周期	原子序数	元素符号	元素名称	电子层																	
				K	L		M			N				O				P			Q
				1s	2s	2p	3s	3p	3d	4s	4p	4d	4f	5s	5p	5d	5f	6s	6p	6d	7s
7	87	Fr	钫	2	2	6	2	6	10	2	6	10	14	2	6	10		2	6		1
	88	Ra	镭	2	2	6	2	6	10	2	6	10	14	2	6	10		2	6		2
	89	Ac	锕	2	2	6	2	6	10	2	6	10	14	2	6	10		2	6	1	2
	90	Th	钍	2	2	6	2	6	10	2	6	10	14	2	6	10		2	6	2	2
	91	Pa	镤	2	2	6	2	6	10	2	6	10	14	2	6	10	2	2	6	1	2
	92	U	铀	2	2	6	2	6	10	2	6	10	14	2	6	10	3	2	6	1	2
	93	Np	镎	2	2	6	2	6	10	2	6	10	14	2	6	10	4	2	6	1	2
	94	Pu	钚	2	2	6	2	6	10	2	6	10	14	2	6	10	6	2	6		2
	95	Am	镅	2	2	6	2	6	10	2	6	10	14	2	6	10	7	2	6		2
	96	Cm	锔	2	2	6	2	6	10	2	6	10	14	2	6	10	7	2	6	1	2
	97	Bk	锫	2	2	6	2	6	10	2	6	10	14	2	6	10	9	2	6		2
	98	Cf	锎	2	2	6	2	6	10	2	6	10	14	2	6	10	10	2	6		2
	99	Es	锿	2	2	6	2	6	10	2	6	10	14	2	6	10	11	2	6		2
	100	Fm	镄	2	2	6	2	6	10	2	6	10	14	2	6	10	12	2	6		2
	101	Md	钔	2	2	6	2	6	10	2	6	10	14	2	6	10	13	2	6		2
	102	No	锘	2	2	6	2	6	10	2	6	10	14	2	6	10	14	2	6		2
	103	Lr	铹	2	2	6	2	6	10	2	6	10	14	2	6	10	14	2	6	1	2
	104	Rf	铲	2	2	6	2	6	10	2	6	10	14	2	6	10	14	2	6	2	2
	105	Db	𬭊	2	2	6	2	6	10	2	6	10	14	2	6	10	14	2	6	3	2
	106	Sg	𬭳	2	2	6	2	6	10	2	6	10	14	2	6	10	14	2	6	4	2
	107	Bh	𬭛	2	2	6	2	6	10	2	6	10	14	2	6	10	14	2	6	5	2
	108	Hs	𬭶	2	2	6	2	6	10	2	6	10	14	2	6	10	14	2	6	6	2
	109	Mt	鿏	2	2	6	2	6	10	2	6	10	14	2	6	10	14	2	6	7	2

说明：①表中单框线内为过渡元素(副族元素)，双框线内为内过渡元素(镧系元素和锕系元素)。

②104—109 号的元素的名称和符号经历了多年的争议。我国科学技术名词审定委员会根据 IUPAC1997 年的通知，于 1998 年 1 月讨论、通过，并推荐使用 104—109 号元素的符号和中文名称。

根据表 2.6，我们可以直接写出元素的核外电子排布式，如：

$_1$H：$1s^1$ $\qquad$ $_2$He：$1s^2$ $\qquad$ $_3$Li：$1s^2 2s^1$ $\qquad$ $_4$Be：$1s^2 2s^2$

$_5$B：$1s^2 2s^2 2p^1$ $\quad$ $_6$C：$1s^2 2s^2 2p^2$ $\qquad$ $_7$N：$1s^2 2s^2 2p^3$ $\qquad$ $_8$O：$1s^2 2s^2 2p^4$

$_9$F：$1s^2 2s^2 2p^5$ $\quad$ $_{11}$Na：$1s^2 2s^2 2p^6 3s^1$ $\quad$ $_{21}$Sc：$1s^2 2s^2 2p^6 3s^2 3p^6 3d^1 4s^2$

$_{31}$Ga：$1s^2 2s^2 2p^6 3s^2 3p^6 3d^{10} 4s^2 4p^1$

$_{41}$Nb：$1s^2 2s^2 2p^6 3s^2 3p^6 3d^{10} 4s^2 4p^6 4d^4 5s^1$

$_{51}$Sb：$1s^2 2s^2 2p^6 3s^2 3p^6 3d^{10} 4s^2 4p^6 4d^{10} 5s^2 5p^3$

$_{61}$Pm：$1s^22s^22p^63s^23p^63d^{10}4s^24p^64d^{10}4f^55s^25p^66s^2$

2.3.3 原子结构和性质的周期性规律

1）原子结构和元素周期律的关系

1868 年前后，俄国化学家门捷列夫等研究了元素性质与原子量之间的关系，发现了一个重要的自然规律。门捷列夫指出元素性质随元素原子量的增加而呈周期性的变化。这一规律称为元素周期律。根据元素周期律，门捷列夫按等原子量由小到大进行编号（称原子序数），把性质相似的元素排在同一纵行，列出了门捷列夫元素周期表（图2.8）。后来随着人们对原子结构认识的深入，发现原子核所带的核电荷就是原子序数。决定元素性质的主要因素是原子价电子构型。因此，原子核外电子排布的周期性变化是元素周期律的本质原因。

周期 \ 族	1	2	3	4	5	6	7	8	9	10	11	12	13	14	15	16	17	18
1	ⅠA																	ⅧA
	1 H	ⅡA											ⅢA	ⅣA	ⅤA	ⅥA	ⅦA	2 He
2	3 Li	4 Be											5 B	6 C	7 N	8 O	9 F	10 Ne
3	11 Na	12 Mg	ⅢB	ⅣB	ⅤB	ⅥB	ⅦB		ⅧB		ⅠB	ⅡB	13 Al	14 Si	15 P	16 S	17 Cl	18 Ar
4	19 K	20 Ca	21 Sc	22 Ti	23 V	24 Cr	25 Mn	26 Fe	27 Co	28 Ni	29 Cu	30 Zn	31 Ga	32 Ge	33 As	34 Se	35 Br	36 Kr
5	37 Rb	38 Sr	39 Y	40 Zr	41 Nb	42 Mo	43 Tc	44 Ru	45 Rh	46 Pd	47 Ag	48 Cd	49 In	50 Sn	51 Sb	52 Te	53 I	54 Xe
6	55 Cs	56 Ba	*71 Lu	72 Hf	73 Ta	74 W	75 Re	76 Os	77 Ir	78 Pt	79 Au	80 Hg	81 Tl	82 Pb	83 Bi	84 Po	85 At	86 Rn
7	87 Fr	88 Ra	**103 Lr	104 Rf	105 Db	106 Sg	107 Bh	108 Hs	109 Mt									
价层电子结构类型	ns^1	ns^2	$(n-1)d^1 ns^2$	$(n-1)d^2 ns^2$	$(n-1)d^3 ns^2$	$(n-1)d^5 ns^2$	$(n-1)d^5 ns^2$	$(n-1)$	d^{6-8}	ns^{0-2}	$(n-1)d^{10} ns^1$	$(n-1)d^{10} ns^2$	ns^2np^1	ns^2np^2	ns^2np^3	ns^2np^4	ns^2np^5	ns^2np^6
			*镧系元素										57 La	58 Ce	59 Pr	60 Nd	61 Pm	62 Sm	63 Eu	64 Gd	65 Tb	66 Dy	67 Ho	68 Er	69 Tm	70 Yb
			**锕系元素										89 Ac	90 Th	91 Pa	92 U	93 Np	94 Pu	95 Am	96 Cm	97 Bk	98 Cf	99 Es	100 Fm	101 Md	102 No

图 2.8 元素周期表

（1）原子电子层结构与周期的关系。元素周期表中的横行，称为周期。人们发现，在近似能级图中，每个能级组所能容纳最多的电子数对应于周期表中一个周期所包含的元素数目，如表 2.7 所示。因此，能级组划分是化学元素划分为周期的根本原因。由于每个能级组中包含的能级数目不同，可填充的电子数目也不同，所以，周期表有特短周期（第一周期，共两种元素）；短周期（第二、三周期，各包含八种元素）；长周期（第四、五周期，各包括18 种元素）；特长周期（第六周期，包含 32 种元素）和未完全周期（第七周期，31 种元素）。

从表 2.7 中可以看出，元素所在周期数即为该元素电子排布的最高能级组数，且与电子层数相一致。如 K 和 Cr 的最高能级组数均为 4，电子层数也为 4，故这两种元素都在第四周期。

（2）原子的电子层结构与族的关系。元素周期表中的纵行，称为族。周期表中共有 18个纵行，按 IUPAC 划分为八个主族（IA ～ ⅧA）（ⅧA 也称为 0 族）、八个副族（B ～ ⅧB）（ⅧB也称为Ⅷ族）。主族既有长周期元素，也有短周期元素；副族只包含长周期元素；ⅧA

（或0）族为稀有气体元素。

表2.7　各周期和相应能级组的对应情况

周　　期		能级组		
周期数	元素数目	能级组数	最高能级组	可容纳最多的电子数
1	2	1	1s	2
2	8	2	2s2p	8
3	8	3	3s3p	8
4	18	4	4s3d4p	18
5	18	5	5s4d5p	18
6	32	6	6s4f5d6p	32
7	31（未完）	7	7s5f6d7p	32

各主族元素的族数与该族元素原子的最外层电子数（或价电子数）相等，同一主族元素的原子，虽然电子层数不同，但价电子构型相同，所以彼此的化学性质极为相似。如 Na 和 K 价电子构型为 ns^1，最外层电子数均为1，故在第一主族。

副族元素情况相对复杂。通常按电子填充的顺序，最后一个电子填入到最外层 ns、np 轨道的，称为主族元素；电子最后填入到次外层 $(n-1)d$ 或倒数第三层 $(n-2)f$ 的，称为副族元素。对于 d 轨道上的电子数较少（≤5）的副族元素，其价电子数与副族数相同。如钪元素（Sc），电子排布式为 $[Ar]3d^14s^2$，价电子构型为 $3d^14s^2$，反应中除失去最外层电子外，还能失去次外层中 d 轨道上电子，价电子数为3，属于ⅢB族；又如锰元素（Mn），电子排布式为 $[Ar]3d^54s^2$，价电子数为7，属于ⅦB族。但对于 d 轨道上电子数大于5 的 Fe、Co、Ni，它们的价电子构型分别为 $3d^64s^2$、$3d^74s^2$、$3d^84s^2$，则合并属于第ⅧB族。当 d 轨道上电子数达到全满（d^{10}）时，其族数等于最外层电子数，如 Cu（$3d^{10}4s^1$）和 Zn（$3d^{10}4s^2$），分别属于ⅠB和ⅡB族。

（3）原子的电子层结构与元素周期表的分区。根据各元素的电子层结构特征，又可将元素周期表简单划分为五个区，即 s 区、p 区、d 区、ds 区和 f 区，如图2.9所示。

s 区元素：最后一个电子填充在 s 能级上的元素（不包括氢）。其价电子构型为 $ns^1 \sim ns^2$，包括ⅠA和ⅡA，价电子较少，容易失去，除氢元素外，均为活泼金属元素。

p 区元素：最后一个电子填充在 p 能级上的元素。除氢以外（氦是填充在 s 能级上），其价电子构型为 ns^2np^{1-6}，包括ⅢA～ⅧA，p 区元素包含除氢以外所有非金属元素和少量金属元素。

d 区元素：最后一个电子填充在 d 能级上的元素。其价电子构型为 $(n-1)d^{1-9}ns^{1-2}$，包括ⅢB～ⅧB，d 区元素皆为金属元素。

ds 区元素：其价电子构型为 $(n-1)d^{10}ns^{1-2}$，包括ⅠB和ⅡB，皆为金属元素。

d 区和 ds 区元素统称为过渡元素，金属性没有 s 区金属元素活泼，从左到右，金属性依次减弱。

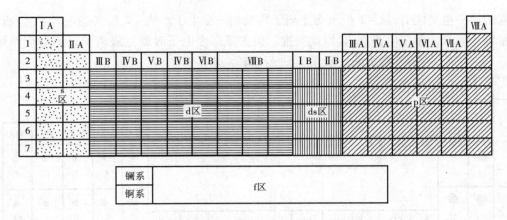

图 2.9　元素周期表中元素的分区

f 区元素:包括镧系和锕系元素,又称为内过渡元素。

元素在周期表中的位置与其基态原子电子层结构密切相关,可以根据元素在周期表中的位置推测出原子电子层结构。或者,知道元素的原子序数,也可以确定它在周期表中的位置。

⚒ 课堂互动

写出原子序数为 28 的元素原子的核外电子排布式,并指出该元素所在的周期、族和区。

---

2) 元素性质的周期性规律

元素性质主要是指原子半径、电离能、电负性等。随着原子序数增加,元素性质随着元素电子层结构而呈现周期性变化规律。

(1)原子半径。同一周期中从左至右(稀有气体除外),主族元素的原子半径逐渐减小。因为同周期的主族元素从左至右随着原子序数的增加,核电荷增大,核电荷对电子的吸引力增强,致使原子半径缩小;卤素以后,稀有气体半径又加大,此时已不是共价半径,而是范德华半径了;对过渡元素和镧系、锕系元素而言,同周期中从左至右,元素的原子半径减小的幅度没有主族元素大。因为这些元素的新增电子处于次外层上或是倒数第三层上,因此,随着核电荷的增大,原子半径减小不明显。

同一主族中从上至下,元素的原子半径逐渐增大。因为同族的原子由上至下随着原子序数增加,原子的电子层数增多,核对外层电子吸引力减弱,原子半径增大;尽管随着原子序数的增加,核电荷也增大,会使原子半径缩小,但这两种作用相比电子层数的增加而使半径增大的作用强,所以总的效果是原子半径由上至下逐渐增大。

原子半径递变的情况如图 2.10 所示。该图金属原子采用金属半径,非金属原子采用共价半径。

(2)电离能。使基态的一个气态中性原子失去一个电子形成气态正离子时,所消耗的能量称为电离能,用 I 表示,单位为 kJ/mol。失去最高能级中第一个电子所需的能量称为

元素的第一电离能 I_1；从 +1 价气态正离子再失去一个电子形成 +2 价气态正离子时，所需能量称为元素的第二电离能 I_2，以此类推。失去第二个电子时要克服离子过剩电荷作用，所以 $I_1 < I_2 < I_3$……元素之间一般用 I_1 进行比较。

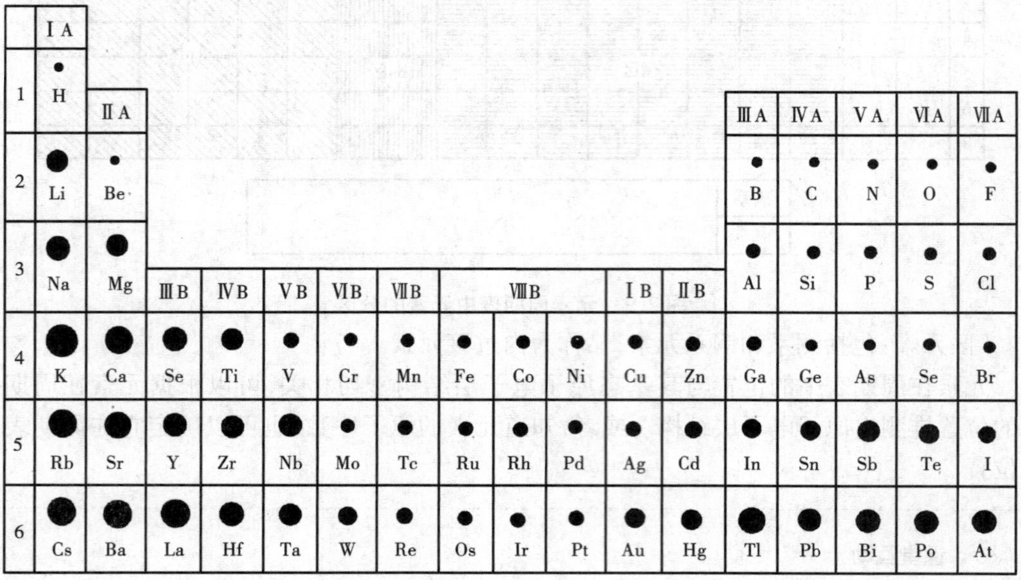

图 2.10　ⅠA～ⅦA 主族元素原子半径变化规律示意图

电离能大小可表示原子失去电子倾向，从而可说明元素金属性强弱。电离能越小表示原子失去电子所需能量越少，越易失去电子，金属性越强。主族元素原子的第一电离能，见表 2.8。

表 2.8　主族元素原子的第一电离能（单位：kJ/mol）

ⅠA	ⅡA	ⅢA	ⅣA	ⅤA	ⅥA	ⅦA	ⅧA
H							He
1 312.0							2 372.3
Li	Be	B	C	N	O	F	Ne
520.3	899.5	800.6	1 086.4	1 402.3	1 314.0	1 681.0	2 080.7
Na	Mg	Al	Si	P	S	Cl	Ar
495.8	737.7	577.6	786.5	1 011.8	999.6	1 251.1	1 520.5
K	Ca	Ga	Ge	As	Se	Br	Kr
418.9	589.8	762.2	762.2	944	940.9	1 139.9	1 350.7
Rb	Sr	In	Sn	Sb	Te	I	Xe
403.0	549.5	558.3	708.6	831.6	869.3	1 008.4	1 170.4
Cs	Ba	Tl	Pb	Bi	Po	At	Rn
375.7	502.9	589.3	715.5	703.3	812	916.7	1 037.0

从表 2.8 可以看出,元素的第一电离能随原子序数递增而呈周期性变化。同一周期元素原子的第一电离能从左至右总的趋势是逐渐增大,某些元素由于具有全充满或半充满的电子层结构,稳定性高,其第一电离能比左右相邻元素都高。如第二周期中 Be 和 B。ⅧA(或 0)族稀有气体具有最外电子层全充满的稳定结构,其电离能最高。

在同一族中,元素原子的第一电离能从上至下总的趋势是减小,主族元素原子的第一电离能从上至下随原子半径增大而明显减小。Cs 是电离能最小的元素,故金属性最强。

(3)电负性。电负性是指元素原子在分子中吸引电子的能力。1932 年,鲍林首先提出此概念,并指定氟电负性数值为 4.0,然后以此为标准计算出其他元素的电负性数值。因此,电负性是一个相对数值,没有单位。H 电负性值为 2.1,表 2.9 所示为 ⅠA—ⅦA 主族元素电负性数值。

表 2.9　ⅠA—ⅦA 主族元素的电负性数值

ⅠA	ⅡA	ⅢA	ⅣA	ⅤA	ⅥA	ⅦA
H 2.1						
Li 1.0	Be 1.5	B 2.0	C 2.5	N 3.0	O 3.5	F 4.0
Na 0.9	Mg 1.2	Al 1.5	Si 1.8	P 2.1	S 2.5	Cl 3.0
K 0.8	Ca 1.0	Ga 1.6	Ge 1.8	As 2.0	Se 2.4	Br 2.8
Rb 0.8	Sr 1.0	In 1.7	Sn 1.8	Sb 1.9	Te 2.1	I 2.5
Cs 0.7	Ba 0.9	Tl 1.8	Pb 1.9	Bi 1.9	Po 2.0	At 2.2

从表 2.9 可以看出,同一周期 ⅠA—ⅦA,自左至右,电负性逐渐增加;同族自上至下,电负性依次减小。电负性大,表示原子吸引成键电子能力强而形成负离子倾向大;电负性小,表示原子吸引成键电子能力弱,不易形成负离子,相反,易形成正离子。因此,电负性可综合反映原子得失电子倾向,是元素金属性和非金属性的综合度量标准。F 的电负性最大,吸引电子能力最强,因而非金属性最强;Cs 的电负性最小,吸引电子能力最弱,故其金属性最强。

一般来说,非金属元素电负性大于金属元素电负性。金属元素电负性一般小于 2.0,非金属元素电负性一般大于 2.0。当两种元素的原子形成分子时,电负性小的元素呈现正价,而电负性大的元素呈现负价。如在 CO_2 中,O 的电负性为 3.5,C 的电负性为 2.5,故 CO_2 中 C 和 O 的化合价分别为 +4 价和 -2 价,而在 CH_4 中,H 的电负性是 2.1,小于 C 的电负性,故 C 和 H 的化合价分别为 −4 和 +1。

课堂互动

根据电负性数据判断,元素周期表中非金属性最强的元素是_____。在 O、C、Si、N、F 中,非金属性由强到弱的排列顺序是_____。

2.3.4 元素周期表的意义及应用

元素周期律是自然界最基本的规律之一,它把上百种元素作了科学的分类,把有关元素的知识系统化;它深刻阐明了各元素之间的内在联系以及元素性质周期性变化的本质;它从自然科学上强有力地论证了自然界从量变到质变的转化规律。人们对元素以及由它所形成的千万种化合物的研究,都得益于它的指导。无机化学是以元素作为研究对象的,毋庸置疑,元素周期表起到了举足轻重的作用。

在化学发展史上,元素周期表一直指导着新元素的发现。元素镓(Ga)和锗(Ge)的发现,就是利用周期表预言的重要例证。第七周期为未完成周期,在 1979 年,已知的元素有 106 种,目前已增至 118 种,并预示着它的后面还会有新的元素被发现。

近代电子技术的高速发展是以半导体为先导的,而能作为半导体的元素,正是位于元素周期表中的金属和非金属元素的交界处。据此可知并且已经证明,硅、锗、硒、砷都是良好的半导体材料。

 目标检测

一、单选题

1. 下列关于电子云的说法,不正确的是(　　)。
   A. 电子云是 $|\varphi|^2$ 的数学图形
   B. 电子云有多种图形,黑点图只是其中一种
   C. 电子就像云雾一样在原子核周围运动,故称为电子云
   D. 电子云用来描述核外某空间电子出现的概率

2. 关于 p 轨道电子云形状的正确叙述为(　　)。
   A. 球形对称 　　　　　　　　　　B. 对顶双球
   C. 互相垂直的梅花瓣形 　　　　　D. 极大值在 x,y,z 轴上的双梨形

3. 氧原子的第一电子亲和能和第二电子亲和能(　　)。
   A. 都是正值 　　　　　　　　　　B. E_1 为正值,E_2 为负值
   C. 都是负值 　　　　　　　　　　D. E_1 为负值,E_2 为正值

4. 下列说法不正确的是(　　)。
   A. φ 就是原子轨道 　　　　　B. φ 表示电子的概率密度

C.φ 没有直接的物理意义　　　　D.φ 是薛定谔方程的合理解,称为波函数

5.描述一确定的原子轨道(即一个空间运动状态),需用以下参数(　　)。

　　A.n,l　　　　　　　　　　　　B.n,l,m

　　C.n,l,m,m_s　　　　　　　　　D.只需 n

6.下列说法不正确的是(　　)。

　　A.氢原子中,电子的能量只取决于主量子数 n

　　B.多电子原子中,电子的能量不仅与 n 有关,还与 l 有关

　　C.波函数由四个量子数确定

　　D.$m_s = \pm \dfrac{1}{2}$ 表示电子的自旋有两种方式

7.下列波函数符号错误的是(　　)。

　　A.$\varphi_{1,0,0}$　　　　B.$\varphi_{2,1,0}$　　　　C.$\varphi_{1,1,0}$　　　　D.$\varphi_{3,0,0}$

8.$n=4$ 时,m 的最大取值为(　　)。

　　A.4　　　　　　B.± 4　　　　　　C.3　　　　　　D.0

9.描述核外电子空间运动状态的量子数组合是(　　)。

　　A.n,l　　　　　B.n,l,m　　　　C.n,l,m,m_s　　　　D.n,l,m_s

10.n,l,m 确定后,仍不能确定该量子数组合所描述的原子轨道的(　　)。

　　A.数目　　　　　B.形状　　　　　C.能量　　　　　D.所填充的电子数目

11.下列原子中第一电离能最大的是(　　)。

　　A.Be　　　　　B.C　　　　　C.Al　　　　　D.Si

12.第一电子亲和能最大的元素是(　　)。

　　A.F　　　　　B.Cl　　　　　C.Na　　　　　D.H

13.有 A,B 和 C 三种主族元素,若 A 元素阴离子与 B,C 元素的阳离子具有相同的电子层结构,且 B 的阳离子半径大于 C,则这三种元素的原子序数大小次序为(　　)。

　　A.B < C < A　　　　　　　　　B.A < B < C

　　C.C < B < A　　　　　　　　　D.B > C > A

14.第六周期元素最高能级组为(　　)。

　　A.6s6p　　　　B.6s6p6d　　　　C.6s5d6p　　　　D.4f5d6s6p

15.玻尔理论不能解释(　　)。

　　A.H 原子光谱为线状光谱

　　B.在一给定的稳定轨道上,运动的核外电子不发射能量——电磁波

　　C.H 原子的可见光区谱线

　　D.H 原子光谱的精细结构

二、简答题

1.简述元素和同位素的区别。

2.下列各元素的原子核中,含有的质子数、中子数和电子数各是多少?

$^{35}_{17}Cl$　　　　　　$^{37}_{17}Cl$　　　　　　$^{24}_{12}Mg$　　　　　　$^{52}_{24}Cr$

3. 自然界中碳元素主要是由 ^{12}C 和少量 ^{13}C 组成的,已知碳的平均相对原子质量是 12.011, ^{13}C 的相对原子质量是 13.00335,求 ^{12}C 的丰度。

4. 原子核外电子的运动状态应从哪几个方面来描述?

5. 当 $n=4$ 时,该电子层中有哪几个电子亚层? 共有多少不同的轨道,最多能容纳几个电子?

6. 核外电子排布应遵循哪些规律?

7. 写出钠、氯、磷三元素的电子排布式和轨道表示式。

8. 正二价锰离子核外有 23 个电子,试用原子实表示式写出锰原子的核外电子排布式。质量数为 55 的锰原子中含有多少个质子和中子?

9. 原子中能级主要由哪些量子数来确定?

10. 试描述核外电子运动状态四个量子数的意义和它们的取值规则。

项目3 分子结构

📖【学习目标】
➤ 掌握：离子键、共价键和金属键三种化学键的本质、形成过程及其基本特点。
➤ 了解：价键理论、杂化轨道理论的要点；分子间作用力及氢键对物质性质的影响。

🔍 案例导入

物质靠什么力量结合在一起，古代先哲们早有明确答案。春秋时期《国语》曾经记载，"夫和实生物，同则不继"，认为相异的物质是相互结合的条件。古希腊哲学家恩培多克勒（Empedocles）借喻人的感情以"爱"和"憎"来说明物质结合的原因。公元十三世纪德国神学家、科学家、元素砷的发现者马格努斯（Magnus）借喻人的"姻亲"关系，认为类似的物质之间具有较强的"亲合性"而易于结合，并第一次提出"亲合力"概念，以表征物质结合的难易程度。这就是化学键概念的萌芽。

1803 年，英国化学家、物理学家道尔顿提出所有物质都是由原子组成的假设。但原子是如何结合成为分子和化合物的呢？早期化学家假设原子之间有一种神秘的钩相互勾住。这种设想一直延续至今。现代化学键的"键"字仍然保留着最原始"钩"的意思。经过化学家和物理学家多年的探索，现在化学"钩"（键）的本质已基本弄清楚，原子或原子团之间的相互作用力是化学键，分为离子键、共价键、金属键等。

问题：1. 化学键的本质是什么？

2. 原子如何通过化学键结合成不同结构的分子？

几乎每个人都有过使用药物来预防或治疗某种疾病的经历，我们不禁要问：为什么这些"神奇子弹"能够具有特定的疗效？它们的生物活性与其化学结构之间有什么样的联系？例如，cis-Pt[$Cl_2(NH_3)_2$]（顺铂）是目前临床广泛应用的抗肿瘤化疗药物，而其异构体 trans-Pt[$Cl_2(NH_3)_2$]却没有抗肿瘤活性。如何理解其中的构效关系呢？这就需要从微观层面来认识药物分子。分子是保持物质基本化学性质的最小微粒，分子是由原子组成的。在化学反应中，原子和原子为什么可以相互结合成分子？原子之间的结合力是什么？原

子在空间的排列方式是怎样的? 下面的学习内容会帮助我们回答这些疑问。

分子是参与化学反应的基本单元,物质的性质主要决定于分子的性质,分子的性质又是由分子的内部结构决定的。因此,研究分子的内部结构,对了解物质的性质和化学反应规律有极其重要的作用。

物质的分子是由原子结合而成的,说明原子之间存在着强烈的相互作用力。分子(或晶体)中相邻原子之间强烈的作用称为化学键。根据原子间这种吸引作用性质的不同,化学键可分为离子键、共价键、金属键三种基本类型。化学键的类型和强弱是决定物质化学性质的重要因素。

任务 3.1 离子键

3.1.1 离子键的形成

1916 年,德国化学家科塞尔(Kossel)首次提出离子键的概念。离子键理论认为,易失电子的金属原子,将电子传给易得电子的非金属原子,形成具有八电子结构的正离子和负离子,两者通过静电引力结合成离子型分子。这种由正、负离子间静电引力结合而形成的化学键称为离子键。

例如,金属钠在氯气中的燃烧反应

$$2Na + Cl_2 \xrightarrow{\text{点燃}} 2NaCl$$

此反应过程是:

钠失去电子生成钠离子 $n\text{Na}(1s^2 2s^2 2p^6 3s^1) - ne \longrightarrow n\text{Na}^+(1s^2 2s^2 2p^6)$

氯得到电子生成氯离子 $n\text{Cl}(1s^2 2s^2 2p^6 3s^2 3p^5) + ne \longrightarrow n\text{Cl}^-(1s^2 2s^2 2p^6 3s^2 3p^6)$

钠离子与氯离子通过离子键生成氯化钠晶体 $n\text{Na}^+ + n\text{Cl}^- \longrightarrow n\text{NaCl}$

像氯化钠这样由离子键结合而构成的化合物称为离子化合物,绝大部分的盐类、碱类和部分金属氧化物都是离子化合物,如 $MgCl_2$,Na_2SO_4,KOH,MgO 等。

3.1.2 离子键的特征

离子键没有方向性和饱和性。因为离子电荷分布可近似认为是球形对称,因此可在空间各个方向等同地吸引带相反电荷的离子,这就决定了离子键的无方向性。离子键无饱和性是指在离子晶体中,只要空间位置许可,每个离子总是尽可能多地吸引带相反电荷的离子,使体系处于尽量低的能量状态。例如,NaCl 晶体如图 3.1 所示,1 个 Na^+ 不仅能同时吸引 6 个最近的 Cl^-,且较远的 Cl^- 只要作用力能达到也能被吸引。同样地,每个 Cl^- 周围等距离地排列着 6 个 Na^+,不仅成键的 Na^+ 和 Cl^- 存在静电作用,互不接触的离子之间也存在着弱的相互作用,没有办法界定哪一对 Na^+ 和 Cl^- 组成 1 个 NaCl 分子,因此分子的概念在离子晶体中是不明确的。从更大的范围来看,Na^+ 和 Cl^- 之间这种六配位的排列方式朝各个方向一再地重复下去,那么整个晶体可以看成一个巨型分子。综上所述,NaCl只是表示整个氯化钠晶体中的 Na^+ 和 Cl^- 的数目之比为 1:1,并不存在单个的 NaCl 分子。因此,NaCl 化学式仅表示氯化钠晶体中这两种元素原子之间的比例为 1:1。

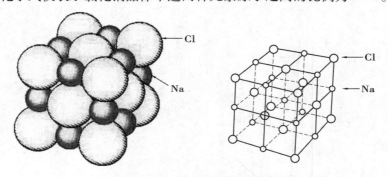

图 3.1　NaCl 晶体结构示意图

3.1.3　离子键的本质

从离子键的形成过程可以看出,正、负离子通过电荷之间的相互作用结合在一起,离子键的本质其实就是静电作用,因此我们说离子键没有方向性和饱和性。要注意的是:"离子键没有方向性"是指离子的电荷分布呈球形对称,可以在空间各个方向上等同地与带相反电荷的离子互相吸引,即正、负离子之间的静电作用没有空间选择性;"离子键没有饱和性"是指只要离子周围的空间条件允许,它就倾向于吸引尽可能多的带相反电荷的离子。

以金属钠和氯气生成氯化钠固体为例,我们可以设想有下列过程发生:在电离能较小的 Na 原子与电子亲和能较大的 Cl 原子相互作用时,由于两者的电负性相差较大,原子之间发生了电子转移,Na 原子的电子组态为 $1s^2 2s^2 2p^6 3s^1$,趋向失去最外层的 1 个电子,成为具有稳定结构的 Na^+;而 Cl 原子的电子组态为 $1s^2 2s^2 2p^6 3s^2 3p^5$,趋向得到 1 个电子,成为具有稳定结构的 Cl^-。带正电荷的 Na^+ 和带负电荷的 Cl^- 由于静电吸引而互相靠近,但是要注意到 Na^+ 和 Cl^- 距离较近时,它们的电子云之间以及它们的原子核之间会产生较强的排斥作用。当 Na^+ 和 Cl^- 之间的静电吸引和排斥作用达到平衡时就形成了离子键,所以我们说离子键是正、负离子之间的强烈相互作用。

如上所述,电负性差值较大的活泼金属原子和活泼非金属原子之间能够通过电子转移分别成为正、负离子,在形成离子键的过程中,往往伴随着体系能量的变化。体系释放的能量越多,表示正、负离子之间的结合越牢固,即离子键越稳定。我们从体系能量的角度进一步讨论离子键的形成过程。如果将正、负离子看作是球形对称,它们所带的电荷分别为 q^+ 和 q^-,两者之间距离为 r,则按库仑定律它们之间的静电引力为:

$$f = \frac{q^+ q^-}{r^2}$$

由此可知,离子电荷越大,离子间距离越小,则引力越大(但当 r 小到平衡距离时,斥力则迅速增大)。图 3.2 表示 NaCl 的势能曲线。我们从中可以看出,随着气态的 Na^+ 和 Cl^- 之间的距离减小,体系的吸引势能减小,而排斥势能增大,因此讨论离子键的形成时,要考虑总的势能的变化。随着 Na^+ 和 Cl^- 之间的距离接近 238 pm,这时它们的吸引作用和排斥作用达到平衡状态,形成的气态分子体系的能量最低,意味着 Na^+ 和 Cl^- 之间形成稳定的离子键。

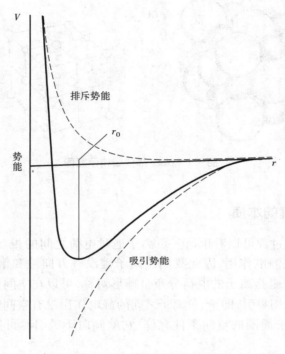

图 3.2　NaCl 的势能曲线

3.1.4　离子键的离子性成分

一般来说,电负性差值($\chi_A - \chi_B$,χ 为电负性,A、B 为成键原子)大于 1.7 时,可形成离子键。由离子键形成的化合物称为离子化合物。近代实验指出,即使是典型的离子型化合物,如 CsF,其中 Cs^+ 与 F^- 之间也不是纯粹的静电作用,仍有部分原子轨道重叠。Cs^+ 与 F^- 间有 8% 的共价性,只有 92% 的离子性。当 $\chi_A - \chi_B = 1.7$ 时,键的离子性约为 50%,因此可认为两元素电负性差值大于 1.7 可形成离子型化合物。

任务 3.2　共价键

前面我们研究了活泼的金属与活泼的非金属化合时能形成离子键,那么非金属之间像 H_2、CH_4 等分子的形成用离子键理论是无法解释的。当科塞尔提出离子键概念的同时,1916 年美国化学家路易斯(Lewis)提出共价学说,建立经典共价键理论。他认为 H_2,O_2,N_2 中两个原子间是以共用电子对吸引两个相同的原子核,电子共用成对后每个原子都达到稳定的稀有气体原子结构。

经典共价键理论初步揭示了共价键不同于离子键的本质,对分子结构的认识前进了一步。但是依然存在着局限性,如它不能解释两个带负电荷的电子为什么不互相排斥而相互配对成键;也不能解释原子间共用电子对如何生成具有一定空间构型的稳定分子,以及许多共价化合物分子中,原子外层电子数虽少于 8(如 BF_3)或多于 8(如 PCl_5,SF_6 等)仍能稳定存在。1927 年,德国化学家海特勒(Heiler)和伦敦(London)首先把量子力学理论应用到分子结构中,后来鲍林等人在此基础上建立了现代价键理论(valence bond theory),又称电子配对法,简称 VB 法。1932 年,美国化学家马利肯(Mulliken)和德国理论物理学家洪特(Hund)从另外的角度提出了分子轨道理论,简称 MO 法。下面重点讨论 VB 法。

3.2.1　现代价键理论

1)VB 法要点

(1)若 A,B 两个原子各有一个未成对电子且自旋方向相反,则当 A,B 原子相互靠近时电子云重叠,核间电子云密度较大,则可以配对形成稳定的共价单键,如氢分子的形成;若 A,B 两原子各有两个或三个未成对电子,且自旋方向相反,则可以形成共价双键或叁键(如 $O=\!\!=O$,$N\!\!\equiv\!\!N$);若 A 有两个未成对电子,B 有一个未成对电子,则形成 AB 型分子(如 H_2O)。总之,一个原子有几个未成对电子,便可以和几个自旋方向相反的电子配对成键,这称为电子配对原理。

(2)在形成分子时一个电子和另一个电子配对后就不能再和其他电子配对了,如氢分子中两个电子已配对,再不能结合第三个氢原子的电子,故 H_3 不能存在。

(3)成键原子轨道重叠时,必须符号相同,才能重叠增大电子云密度。除 s 轨道外,p,d,f 轨道都有方向性,所以成键原子需按一定方向接近时才能最大程度重叠,如图 3.3(a)所示,p_x 轨道和 s 轨道沿着对称轴方向最大程度重叠。图 3.3(b)中重叠部分抵消,图 3.3(c)中重叠很少。共价键尽可能采取电子云密度最大的方向形成,这称为原子轨道最大重叠原理。

2)共价键的特点

(1)共价键的饱和性 。一个原子的未成对电子跟另一个原子自旋方向相反的电子配

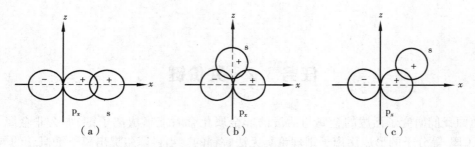

图 3.3   原子轨道最大重叠原理

对成键后,就不能再与第三个原子的电子配对成键,或者说已键合的电子不能再形成新的化学键。因此,一个原子中有几个未成对电子,就只能和几个自旋方向相反的电子配对成键,这就是共价键的饱和性。

（2）共价键的方向性。共价键的方向性是指每一个原子与周围原子形成的共价键之间有一定角度。根据原子轨道最大重叠原理,在形成稳定的共价键时,原子间电子云总是尽可能沿着密度最大的方向进行重叠,这就是共价键的方向性。

3）共价键的类型

根据成键时原子轨道重叠的方式不同,共价键分为两种基本类型:σ 键和 π 键。

（1）σ 键。两个原子轨道沿键轴（两个原子核间连线）方向以"头碰头"方式重叠所形成的共价键,称为 σ 键。如图 3.4（a）所示,如 H_2 分子中 s—s 重叠,HCl 分子中 s—p_x 重叠,Cl_2 分子中 p_x—p_x 重叠等。

（2）π 键。两原子轨道沿着键轴方向以"肩并肩"方式发生轨道重叠,重叠后得到的电

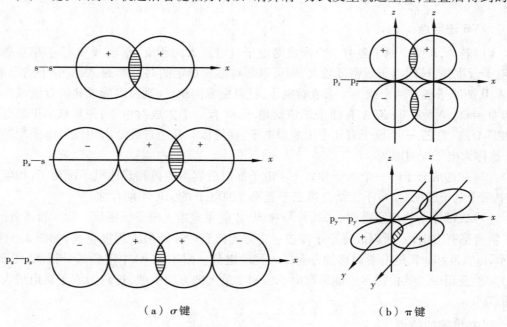

（a）σ 键   （b）π 键

图 3.4 σ 键和 π 键形成示意图

子云图像呈镜像对称,这种共价键称为 π 键,如图 3.4(b)所示。

如 N_2 分子中两个 N 原子以三对共用电子对结合在一起,两个 N 原子 p_x 轨道以"头碰头"方式重叠,形成一个 σ 键,而 p_y 和 p_y,p_z 和 p_z 则分别以"肩并肩"方式重叠形成两个互相垂直的 π 键,如图 3.4(b)所示。因此,在 N_2 分子中,两个 N 原子以一个 σ 键和两个 π 键相结合。N_2 分子结构可用 N≡N 来表示。由于重叠方式不同,π 键的重叠程度比 σ 键小,因而不如 σ 键稳定,在化学反应中容易被打开。

如果两个原子可形成多重键,其中必有一个 σ 键,其余为 π 键;如只形成一个键,那就是 σ 键,共价分子立体构型由 σ 键决定。

4)键参数

表征化学键性质的物理量称为键参数。共价键的键参数主要有键能、键长、键角及键的极性。

(1)键能(E)。键能是从能量因素衡量化学键强弱的物理量。其定义为:在 101.325 kPa,298.15 K 标准状态下,将 1 mol 理想气态分子 AB 的键断开,解离为理想气态原子 A 和 B 所需要的能量,用符号 E 表示,单位为 kJ/mol。

离解能指分子离解能,是处于最低能态的一个分子分解为完全独立的原子时,从外界吸取的最小能量,用符号 D 表示。

对于双原子分子,键能等于键的离解能,例如:

$H_2(g) \longrightarrow 2H(g)$　　$E_{H-H} = D_{H-H} = 436$ kJ/mol

$N_2(g) \longrightarrow 2N(g)$　　$E_{N \equiv N} = D_{N \equiv N} = 941$ kJ/mol

对于多原子分子,键能等于全部离解能的平均值,例如:

$NH_3(g) \longrightarrow NH_2(g) + H(g)$　　$D_1 = 435$ kJ/mol

$NH_2(g) \longrightarrow NH(g) + H(g)$　　$D_2 = 397$ kJ/mol

$NH(g) \longrightarrow N(g) + H(g)$　　$D_3 = 339$ kJ/mol

在 NH_3 分子中,N—H 键的键能等于 3 个 N—H 键离解能的平均值,即

$$E_{N-H} = \frac{D_1 + D_2 + D_3}{3} = 390 \text{ kJ/mol}$$

一般来说,键能越大,相应的共价键越牢固,组成的分子越稳定。

(2)键长(l)。分子中,两个成键原子核之间的平均距离称为键长。一般键长越长,键能越小;键长越短,键能越大。

(3)键角(α)。分子中,键与键之间的夹角称为键角,它是反映分子空间结构的一个重要因素。如 H_2O 分子键角为 104.5°,这就决定了水分子为 V 形结构;CO_2 分子键角为 180°,表明 CO_2 分子为直线形结构。一般来说,根据分子的键角和键长可确定分子空间构型。

(4)共价键的极性。共价键的极性取决于成键原子电负性的差值,相同原子间形成的共价键,称为非极性共价键,如 H_2,O_2,N_2 等分子中的化学键;不同原子间形成的共价键,称为极性共价键。电负性相同的原子成键后,电子云在两核间均匀分布;电负性不同的原

子形成共价键,电子云集中在电负性较大的原子一方,造成正负电荷在两个原子间分布不均匀,电负性大的原子一端为负极,电负性小的原子一端为正极。例如,H—Cl 键是极性键,共用电子对偏向 Cl 原子一端,使 Cl 原子带部分负电荷,H 原子带部分正电荷。显然,两原子电负性差值越大,共价键极性越强。如 H—F 键极性大于 H—Cl 键极性。

课堂互动

简要说明 σ 键和 π 键的形成和主要特征,并分析下列分子中存在何种共价键。
(1)HBr;(2)N_2。

3.2.2　杂化轨道理论

价键理论简明地阐明了共价键的形成过程和本质,成功地解释了共价键的方向性和饱和性,但在解释一些分子空间结构方面却遇到了困难。例如 CH_4 分子形成,按照价键理论,C 原子只有两个未成对电子,只能与两个 H 原子形成两个共价键,而且键角应该为 90°。但这与实验事实不符,因为 C 与 H 可形成 CH_4 分子,其空间构型为正四面体,各个 C—H 键间夹角不是 90°而是 109.5°。为了更好地解释多原子分子实际空间构型和性质,1931 年鲍林提出杂化轨道理论,丰富和发展了现代价键理论。1953 年,我国化学家唐敖庆等统一处理 s-p-d-f 轨道杂化,提出杂化轨道一般方法,进一步丰富了杂化轨道理论的内容。

1)杂化轨道理论的基本要点

杂化轨道理论从电子具有波动性、可叠加性的观点出发,认为一个原子和其他原子形成分子时,中心原子所用的原子轨道(即波函数)不是原来纯粹的 s 轨道或 p 轨道,而是若干不同类型能量相近的原子轨道经叠加混杂、重新分配轨道的能量和调整空间伸展方向,组成同等数目的能量完全相同的新的原子轨道(即杂化轨道),以满足化学结合需要,这一过程称为原子轨道杂化。例如,一个 ns 和两个 np 轨道杂化,形成三个杂化轨道。杂化轨道的成键能力比不杂化的原子轨道强,形成的化学键更稳定。这是由于轨道杂化后,电子云形状和伸展方向发生了改变,杂化轨道的电子云分布更为集中,成键时更有利于形成最大重叠。例如,一个 ns 轨道和一个 np 轨道杂化,叠加结果为一头变大一头变小,变大的一头更容易和其他原子轨道产生最大重叠成键,如图 3.5 所示。轨道杂化成键过程可分为激发、杂化和重叠三个步骤,这三个步骤是同时进行的。因此,激发时所需要的能量完全可由成键时释放的更多能量来补偿。但只有能量相近的轨道才能发生杂化,如 ns 和 np 轨道可以杂化,1s 和 2p 轨道因能量相差较大不能杂化。另外,只有形成分子时才能发生杂化,孤立原子的 s 和 p 轨道不发生杂化。

2)杂化轨道的类型

根据参与杂化的原子轨道种类和数目不同,可将杂化轨道分为以下几类:

（1）sp 杂化。能量相近的一个 ns 轨道和一个 np 轨道杂化,可形成两个等价的 sp 杂化轨道,每个 sp 轨道中含 1/2 的 s 轨道成分和 1/2 的 p 轨道成分,轨道一头大一头小,两 sp 杂化轨道之间夹角为 180°,如图 3.5所示。形成的分子呈直线形构型。

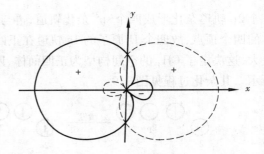

图 3.5　sp 杂化轨道示意图

例如,气态 $BeCl_2$ 分子的形成。基态 Be 原子的外层电子构型为 $2s^2$,无未成对电子,按价键理论不能再形成共价键,但 Be 的一个 2s 电子可激发进入 2p 轨道,通过 sp 杂化形成两个等价的 sp 杂化轨道,分别与两个 Cl 的 3p 轨道沿键轴方向重叠,生成两个(sp-p)σ 键。故 $BeCl_2$ 分子呈直线型。其杂化过程如图 3.6 所示。

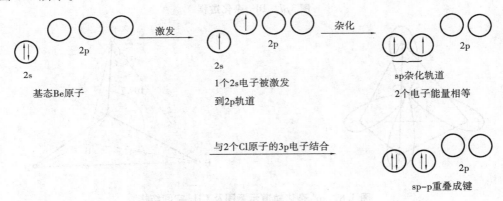

图 3.6　$BeCl_2$ 杂化过程

（2）sp^2 杂化。能量相近的一个 ns 轨道和两个 np 轨道杂化,可形成三个等价的 sp 杂化轨道。每个 sp^2 杂化轨道含有 1/3 的 ns 轨道成分和 2/3 的 np 轨道成分,轨道一头大一头小,各 sp^2 杂化轨道之间夹角为 120°。形成的分子呈平面三角形构型。

例如,BF_3 分子的形成。基态 B 原子外层电子构型为 $2s^22p^1$,似乎只能形成一个共价键。按杂化轨道理论,成键时 B 的一个 2s 电子被激发到空的 2p 轨道上,激发态 B 原子的外层电子构型为 $2s^12p_x^12p_y^1$,通过 sp^2 杂化,形成三个等价的 sp^2 杂化轨道,指向平面三角形的三个顶点,分别与 F 原子的三个 2p 轨道重叠,形成三个(sp^2—p)σ 键,键角为 120°。所以,BF_3 分子呈平面三角形,与实验事实完全相符。其杂化过程如图 3.7 所示。

（3）sp^3 杂化。能量相近的一个 ns 轨道和三个 np 轨道杂化,可形成四个等价的 sp^3 杂化轨道。每个 sp 杂化轨道含 1/4 的 ns 轨道成分和 3/4 的 np 轨道成分,轨道一头大一头小,分别指向正四面体的四个顶点,各 sp^3 杂化轨道之间夹角约为 109.5°。形成的分子呈四面体构型。

例如,CH_4 分子的形成。基态 C 原子的外层电子构型为 $2s^22p_x^12p_y^1$,在与 H 原子结合时,2s 上的一个电子被激发到 $2p_z$ 轨道上,C 原子以激发态 $2s^12p_x^12p_y^12p_z^1$,一个 2s 轨道和三个 2p 轨道杂化形成四个 sp^3 杂化轨道,再与四个氢结合。四个 sp^3 杂化轨道指向正四面体的四个顶点,故四个 H 原子的 1s 轨道在正四面体的四个顶点方向与四个杂化轨道重叠最大,这决定了 CH_4 的空间构型为正四面体,四个 C—H 键间的夹角约为 109.5°,如图 3.8 所示。其杂化过程见图 3.9。

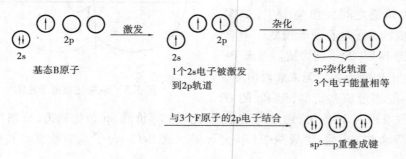

图 3.7 BF$_3$ 杂化过程

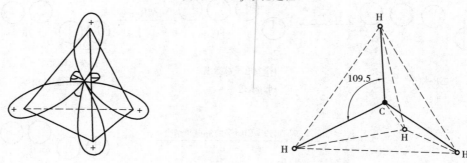

图 3.8 sp^3 杂化轨道示意图及 CH_4 空间结构

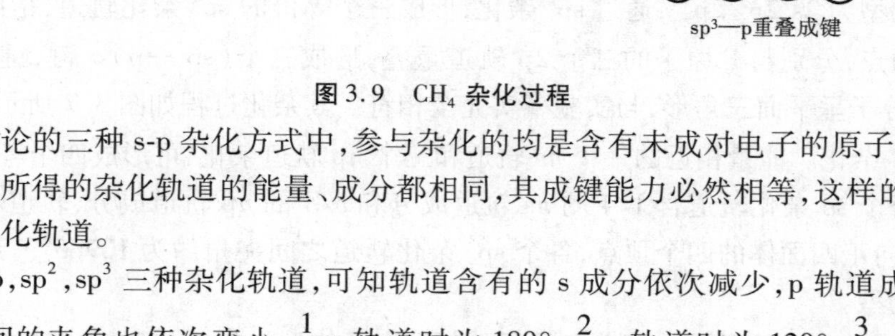

图 3.9 CH_4 杂化过程

以上讨论的三种 s-p 杂化方式中,参与杂化的均是含有未成对电子的原子轨道,每一种杂化方式所得的杂化轨道的能量、成分都相同,其成键能力必然相等,这样的杂化轨道称为等性杂化轨道。

比较 sp,sp^2,sp^3 三种杂化轨道,可知轨道含有的 s 成分依次减少,p 轨道成分依次增多,且轨道间的夹角也依次变小:$\frac{1}{2}$p 轨道时为 180°,$\frac{2}{3}$p 轨道时为 120°,$\frac{3}{4}$p 轨道时为 109.5°,纯 p 轨道时为 90°(表 3.1)。

表 3.1　等性杂化轨道与分子几何构型

杂化类型	杂化轨道成分	杂化轨道间夹角	举　例	分子几何构型
等性 sp 杂化	$\frac{1}{2}$s, $\frac{1}{2}$p	180°	直线形 $BeCl_2$、$HgCl_2$	Cl——Hg——Cl 180°
等性 sp² 杂化	$\frac{1}{3}$s, $\frac{2}{3}$p	120°	平面三角形 BCl_3, BF_3	F—B—F 120°
等性 sp³ 杂化	$\frac{1}{4}$s, $\frac{3}{4}$p	109.5°	正四面体 CH_4, CCl_4	H—C—H 109.5°

（4）不等性杂化。如果在杂化轨道中有不参加成键的孤对电子,使得各杂化轨道的成分和能量不完全相同,这种杂化称为不等性杂化。如 NH_3,H_2O 分子就属于这一类。

例如 NH_3 分子的形成。基态 N 原子的外层电子构型为 $2s^2 2p_x^1 2p_y^1 2p_z^1$,成键时这 4 个价电子轨道发生了 sp³ 杂化,得到 4 个 sp³ 杂化轨道,其杂化过程如图 3.10 所示。

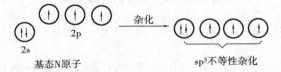

图 3.10　基态 N 原子的 sp³ 不等性杂化

其中有 3 个 sp³ 杂化轨道分别被未成对电子占有,和 3 个 H 原子的 1s 电子形成 3 个 σ 键,还有 1 个 sp³ 杂化轨道则为孤对电子所占有。该孤对电子未与其他原子共用,不参与成键,故较靠近 N 原子,其电子云较密集于 N 原子的周围,从而对其他 3 个被成键电子对占有的 sp³ 杂化轨道产生较大排斥作用,键角从 109.5°压缩到 107.3°。故 NH_3 分子呈三角锥形,如图 3.11 所示。

H_2O 分子中 O 原子采取 sp³ 不等性杂化,有 2 个 sp³ 杂化轨道分别为孤对电子所占有,对其他 2 个被成键电子对占有的 sp³ 杂化轨道的排斥更大,使键角被压缩到 104.5°。故 H_2O 分子的空间构型呈 V 形,如图 3.12 所示。

这里需要说明,除了上述 ns 和 np 可以进行杂化外,nd、$(n-1)d$、$(n-1)f$ 原子轨道也同样可以参与杂化。

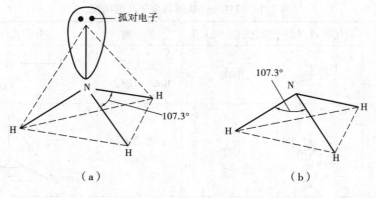

图 3.11 NH$_3$ 分子的空间结构

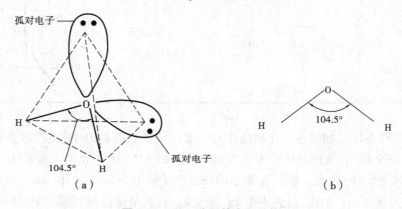

图 3.12 H$_2$O 分子的空间结构

课堂互动

试用杂化轨道理论说明 CF$_4$ 和 PH$_3$ 分子中,C 和 P 可能的杂化类型和分子的几何构型。

任务 3.3   金属键

元素周期表中约有 80% 的金属元素。除金属汞在常温下为液态外,其他都是晶体。金属有很多共同的物理特性,如有颜色和光泽,有良好的导电性和传热性,有好的机械加工性能等。金属有这些共性是由金属内部特有的化学键的性质决定的。

自由电子理论认为,金属原子的外层价电子较少,与原子核的联系较松弛,容易丢失电子形成阳离子。在金属晶体中,价电子可以自由地从一个原子流向另一个原子,不是固定在某一金属离子的附近,称为自由电子。图 3.13 中黑点代表自由电子。

在金属晶体中,由于自由电子不停地运动,把金属原子和离子联系在一起,这种化学键称为金属键。这些自由电子好像为许多原子或离子所共有,从这个意义上可以认为金属键是一种改性的共价键,但与共价键不同,金属键没有方向性和饱和性。

金属键是化学键的一种,主要在金属中存在。由自由电子及排列成晶格状的金属离子之间的静电吸引力组合而成。由于电子的自由运动,金属键

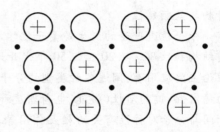

图 3.13 金属晶体结构示意图

没有固定的方向,因而是非极性键。金属键有金属的很多特性,例如:一般金属的熔点、沸点随金属键的强度而升高。

🔍 **知识拓展**

分子轨道理论

价键理论和杂化轨道理论比较直观,能比较成功地解释共价键的方向性和分子空间构型,但解释共价键的形成只局限在两个相邻原子之间,没有考虑分子整体性,因此有其局限性。如按照价键理论,O_2 分子中电子都是成对的,应该是反磁性的,而实验测定却只有顺磁性。又如苯的结构、单电子键、三电子键等问题,价键理论都无法解释。1932 年,美国化学家马利肯和德国理论物理学家洪特提出分子轨道理论。

现代价键理论认为,电子在原子轨道上运动,共价键局限在两个原子之间。分子轨道理论则认为,原子轨道先组合成分子轨道,电子在分子轨道上运动,共价键是离域的,不是局限在两个原子之间的。分子轨道理论基本要点如下:

1. 分子中每个电子的运动状态可用相应的波函数 φ 来描述,φ 称为分子轨道。$|\varphi|$ 表示电子在分子空间出现的概率密度,即电子云。每个分子轨道都有相应的能量和形状。分子轨道用 $\sigma, \pi, \sigma\cdots$ 表示。

2. 分子轨道波函数由分子中所有原子轨道波函数线性组合而成,可用数学计算并程序化。组合前原子轨道数目与组合后形成的分子轨道数目相等。

原子轨道组合形成分子轨道,要遵循对称性原则(只有对称性相同的原子轨道才能组成分子轨道)、能量相近原则(只有能量相近的原子轨道才能组成有效的分子轨道)和最大重叠原则(原子轨道重叠程度越大形成的化学键越牢固)。

在分子轨道中,一部分轨道能量低于原来的原子轨道,称为成键轨道;一部分轨道能量高于原来的原子轨道,称为反键轨道。原子轨道对称性不匹配则不能有效重叠形成分子轨道,称为非键分子轨道。非键分子轨道能量与组合前的原子轨道能量没有明显差别。

3. 分子中所有电子属于整个分子,在分子轨道中依能量由低到高的次序排布,同样遵循能量最低原理、泡利不相容原理和洪特规则。

4. 用键级来表示所形成共价键的牢固程度。键级是成键轨道上电子数与反键轨道上电子数差值的一半。对于同周期、同区元素来说,键级越大,共价键越牢固,分子越稳定。

5. 电子自旋产生磁场,分子中有未成对电子时,各单电子自旋方向相同,磁场加强,这

时物质呈顺磁性。

分子轨道理论的诞生是量子化学发展的里程碑。它可以解释价键理论解释不了的物质结构和性质。从20世纪50年代开始,价键理论逐渐被分子轨道理论所代替。分子轨道理论主要应用有:阐述各种类型的分子光谱的性质以及有关激发态的性质;讨论共轭分子的稳定性、键的活性(键能、电荷密度和电偶极矩);讨论键的类型,分子的磁性,分子内、分子间与分子对称性有关的相互作用等。此外,分子轨道理论在有机合成、药物设计、物质结构分析、分子器件制造、光材料制备、纳米材料生产、选矿等诸多领域均具有广泛应用。

任务 3.4　分子间作用力与氢键

案例导入

乙醇俗称酒精,是无色透明具有特殊香味的液体,密度比水小,能与水以任意比互溶。一般有机物大都难溶于水,根据相似相溶原理,由于极性分子间的电性作用,极性分子组成的溶质易溶于极性分子组成的溶剂,难溶于非极性分子组成的溶剂;非极性分子组成的溶质易溶于非极性分子组成的溶剂,难溶于极性分子组成的溶剂。乙醇分子式为CH_3CH_2OH,属于极性较强的分子,因此可以溶于水(极性分子)中。乙醇分子和水分子相似,都具有 H—O 极性键,它们之间可以形成氢键而发生缔合现象,成为缔合分子。

问题:1.分子极性是如何确定的?
　　　2.什么样的分子可以形成氢键呢?

水蒸气可凝聚成水,水可凝固成冰,这一过程表明分子间还存在着一种相互吸引的作用——分子间力。1873年,荷兰物理学家范德华(Vander Weals)在研究气体性质的时候,注意到这种作用力的存在,并且对它进行了卓有成效的研究,后来人们把分子间的作用力称为范德华力。

分子间作用力强度远小于化学键。原子结合成分子后,分子之间主要是通过分子间作用力结合成物质。物质固、液、气态变化、溶解度等物理性质均与分子间作用力有关。分子间作用力本质上也属于一种静电引力,其大小与分子极性、相对分子质量等因素有关。

3.4.1　分子的极性

共价键分为极性共价键和非极性共价键。分子从总体上看是不显电性的,但因为分子内部电荷分布情况不同,分子可分为非极性分子和极性分子。非极性分子是指分子内正、负电荷重合的分子;极性分子是指分子内正、负电荷不重合的分子。

1) 双原子分子

双原子分子极性与化学键极性是一致的。以非极性共价键结合而成的双原子分子都是非极性分子。如 H_2 分子,两个氢原子是以非极性共价键结合的,共用电子对不偏向任何一个氢原子,整个分子电荷分布均匀,正、负电荷中心重合,所以 H 是非极性分子。又如以非极性共价键结合的 O_2,Cl_2,N_2,I_2 等均为非极性分子。

以极性键结合的双原子分子都是极性分子,如 HCl 分子,两个原子以极性共价键结合,共用电子对偏向 Cl 原子,使 Cl 原子一端带部分负电荷,H 原子一端带部分正电荷,整个分子电荷分布不均匀,正、负电荷重心不重合,所以 HCl 分子是极性分子。又如以极性键相结合的 HF,HBr,HI 等均为极性分子。

2) 多原子分子

对于多原子分子来说,分子是否有极性除了与分子中化学键有关外,还与分子空间构型有关。完全由非极性键形成的多原子分子,一般为非极性分子,如 P_4。

以极性键结合形成的多原子分子,既有极性分子,又有非极性分子。分子空间构型均匀对称的是非极性分子,如 AB_2 型的直线形分子 CO_2;AB_3 型的平面正三角形分子 BF_3;AB_4 型的正四面体结构分子 CH_4 等。分子空间构型不对称或中心原子具有孤对电子或配位原子不完全相同的多原子分子为极性分子,如 V 形的 H_2O、三角锥形的 NH_3、不规则四面体分子 CH_3Cl 等。直线形 CO_2 分子为非极性分子,其正、负电荷分布如图 3.14 所示;V 形结构的 H_2O 分子为极性分子,其正、负电荷分布如图 3.15 所示。

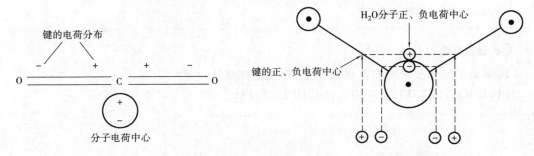

图 3.14　CO_2 分子正、负电荷分布图　　　　图 3.15　H_2O 分子正、负电荷分布图

分子极性的大小通常用偶极矩来衡量。偶极矩(μ)定义为分子中正电荷中心或负电荷中心上的荷电量(q)与正、负电荷中心间距离(d)的乘积:

$$\mu = q \cdot d$$

d 又称偶极长度。偶极矩的 SI 单位是 $C \cdot m$,它是一个矢量,规定其方向是从正极到负极。双原子分子偶极矩示意如图 3.16 所示。

分子的偶极矩可通过实验测定(但 q 和 d 还未能分别求得)。表 3.2 是一些气态分子偶极矩的实验值。表中 $\mu = 0$ 的分子为非极性分子,$\mu \neq 0$ 的分子为极性分子。μ 值越大,分子的极性越强。分子的极性既与化学键的极性有关,又和分子的几何构型有关,所以测

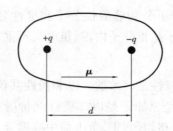

图 3.16 分子的偶极矩

定分子的偶极矩,有助于比较物质极性的强弱和推断分子的几何构型。

表 3.2 一些气态分子的偶极矩几何构型

分子式	$\mu/(10^{-30}C \cdot m)$	分子构型	分子式	$\mu/(10^{-30}C \cdot m)$	分子构型
H_2	0	直线形	H_2S	3.67	角折形
N_2	0	直线形	SO_2	5.33	角折形
CO_2	0	直线形	H_2O	6.17	角折形
CS_2	0	直线形	NH_3	4.90	三角锥形
CH_4	0	正四面体	BF_3	0	平面三角形
CCl_4	0	正四面体	HCl	3.57	直线形
CO	0.40	直线形	HBr	2.67	直线形
$CHCl_3$	3.50	正四面体	HI	1.40	直线形

课堂互动

请指出下列分子中哪些是极性分子,哪些是非极性分子?
(1)$CHCl_3$;(2)NCl_3;(3)BCl_3;(4)HCl;(5)CO_2。

3.4.2　分子间作用力

分子间作用力实际上是一种电性的吸引力,它与化学键不同,它的能量只有化学键能量的 1/10 ~ 1/100。现在认为,分子间存在三种作用力,即色散力、诱导力、取向力,通称为范德华力。

1)取向力

取向力产生于极性分子与极性分子之间。由于极性分子的电性分布不均匀,一端带正电,另一端带负电,形成固有偶极。因此,当两个极性分子相互接近时,由于电性相同相互排斥,电性不同相互吸引,两个分子必将发生相对转动。这种固有偶极分子相互转动,使电性相反的极相对,称为"取向"。这种由于极性分子的取向而产生的分子间作用力,称为取向力,如图 3.17 所示。

（a）分子离得较远　　　　　　　　（b）分子靠近时

图 3.17　极性分子间的相互作用

2）诱导力

诱导力产生于极性分子与非极性分子之间或极性分子之间。在极性分子和非极性分子间,由于极性分子的影响,非极性分子电子云与原子核发生相对位移,产生诱导偶极,与原极性分子的固有偶极相互吸引,如图 3.18 所示。这种由于诱导偶极产生的分子间作用力,称为诱导力。极性分子间既具有取向力,又具有诱导力。

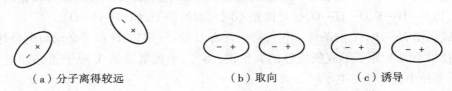

（a）分子离得较远　　　　　（b）取向　　　　　（c）诱导

图 3.18　极性分子和非极性分子间的相互作用

3）色散力

色散力存在于任何分子之间。当非极性分子相互接近时,由于每个分子的电子不断运动、原子核不断振动,经常发生电子云和原子核之间瞬时相对位移,产生瞬时偶极,这种瞬时偶极会诱导邻近分子产生与它相吸引的瞬时偶极。由于瞬时偶极之间的不断重复作用,分子之间始终存在着引力,因其计算公式与光色散公式相似,故称之为色散力,如图 3.19所示。

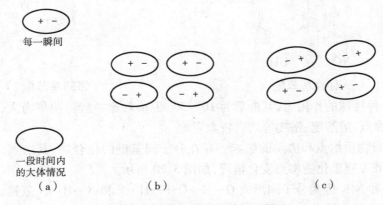

每一瞬间

一段时间内
的大体情况　　　　　　（a）　　　　　　　　　（b）　　　　　　　　　（c）

图 3.19　非极性分子间的相互作用

综上所述,分子间作用力的来源是取向力、诱导力和色散力。一般说来,极性分子与极性分子之间,取向力、诱导力和色散力均存在;极性分子与非极性分子之间,则存在诱导力和色散力;非极性分子与非极性分子之间,则只存在色散力。这三种类型的力的比例大小,取决于相互作用分子的极性和变形性。极性越大,取向力越大;变形性越大,色散力越大。诱导力则与这两种因素都有关。但对大多数分子来说,色散力是主要的。分子间作用力大小可从作用能反映出来。

3.4.3 氢键

1) 氢键的形成和表示

当 H 原子与电负性很大、原子半径很小的 X 原子(如 F,O,N)形成强极性的共价键时,因共用电子对向 X 原子强烈偏移,使该原子带有部分负电荷,H 原子成为几乎裸露的质子,带有密度很大的正电荷。当另一个电负性大的 Y 原子接近 H 原子时,会产生较大的静电引力。这种作用力称为氢键。

氢键可用 X—H…Y 来表示,X—H 是氢键供体,Y 是氢键受体。X,Y 可以是同种元素的原子,如 F—H…F、O—H…O,也可以是不同元素的原子,如 N—H…O。

形成氢键 X—H…Y 的条件:第一,必须含有 H 原子;第二,H 原子必须与电负性很大、原子半径很小的 X 原子形成强极性的共价键;第三,形成氢键的 Y 原子也必须电负性很大、原子半径小且有孤对电子。

2) 氢键的类型及其对物质物理性质的影响

氢键可存在于同种分子间、不同种分子间或分子内部基团之间。因此,氢键可分为分子间氢键和分子内氢键。例如,对硝基苯酚形成分子间氢键,邻硝基苯酚形成分子内氢键。

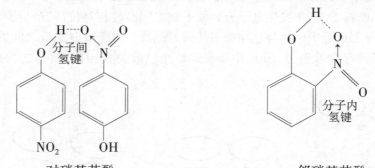

对硝基苯酚　　　　　　　　　　　　邻硝基苯酚

氢键是一种特殊的作用力,其能量为 10 ~ 30 kJ/mol,比一般范德华力大,对物质物理性质如熔点、沸点、溶解度、密度等均有较大影响。

(1)氢键对物质熔点和沸点的影响。存在分子间氢键的化合物,其熔点、沸点会大大升高。ⅣA—ⅦA 族氢化物沸点变化情况,如图 3.20 所示。

H_2O,HF 和 NH_3 因为分子间形成 O—H…O、F—H…F 和 N—H…N 氢键,它们的沸点比同族其他元素氢化物高出许多。甲烷分子间不存在氢键,故碳族元素氢化物沸点随相对分子质量的增加而升高。

如果化合物分子内形成氢键,会使分子极性下降,熔点、沸点不但不会上升,反而会下降。例如,邻硝基苯酚可形成分子内氢键,其熔点为 44 ~ 45 ℃,沸点为 216 ℃;对硝基苯酚只能形成分子间氢键,不能形成分子内氢键,其熔点为 114 ~ 116 ℃,沸点为 279 ℃。

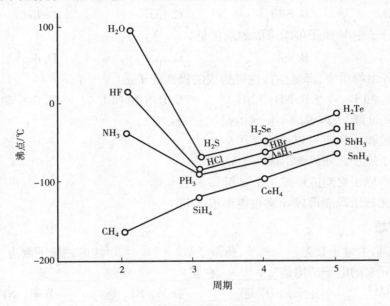

图 3.20 氢键对氢化物沸点的影响

（2）氢键对物质溶解度的影响。在极性溶剂中,如果溶质分子和溶剂分子间存在氢键,则溶质的溶解度会大大增大。这就是甲醇、乙醇能与水以任何比例互溶的原因。如果溶质分子内形成氢键,会使其分子极性下降,按照相似相溶原理,在极性溶剂中,其溶解度会降低,而在非极性溶剂中,其溶解度会增大。间苯二酚因分子内两个羟基(—O—H)能相互形成氢键,所以其在苯中的溶解度比在水中的溶解度大得多。

 课堂互动

判断下列各组分子间存在何种形式的作用力?

（1）CCl_4 与 CS_2;（2）CCl_4 与 H_2O;（3）H_2O 与 NH_3;（4）HBr 气体。

目标检测

一、单选题

1. 水的沸点反常高的原因是分子间存在（　　　）。

　　A. 色散力　　　　　　B. 诱导力　　　　　　C. 取向力　　　　　　D. 氢键

2. 下列分子,化学键有极性,分子也有极性的是（　　　）。

　　A. NH_3　　　　　　B. SiF_4　　　　　　C. BF_3　　　　　　D. CO_2

3. sp^3 杂化轨道的空间构型是（　　　）。

　　A. 正三角形　　　B. 直线形　　　　C. 正四面体　　　D. 三角锥形

4. 下列分子采取 sp^3 杂化方式成键的是(　　)。

  A. BCl_3 B. $SiCl_4$ C. CO_2 D. $BeCl_2$

5. NH_3 分子中 N 原子可能采取的杂化是(　　)。

  A. sp B. sp^2 C. sp^3 D. dsp^2

6. 下列各组物质中,都是由极性键构成的极性分子是(　　)。

  A. CH_4 和 Br_2 B. NH_3 和 H_2O C. H_2S 和 CCl_4 D. CO_2 和 HCl

7. 关于共价键,下列说法不正确的是(　　)。

  A. σ 键和 π 键都可以单独存在

  B. 两个原子之间只能形成一个 σ 键

  C. 两个原子之间能形成一个 σ 键和多个 π 键

  D. 杂化轨道既能形成 σ 键也能形成 π 键

二、填空题

1. 3p 轨道,主量子数为_____,角量子数_____,可能的磁量子数为_____。

2. 22 号元素的电子结构是_____,它属_____周期_____族。

3. CO_2 是_____分子,SO_2 是_____分子,BF_3 是_____分子,NF_3 是_____分子。(填"极性"或"非极性")

4. 化学键分为_____键、_____键和_____键。

5. 原子轨道沿两核连线以"头碰头"方式重叠形成的共价键,称为_____键,以"肩并肩"方式重叠形成的共价键,称为_____键。

6. 共价键具有_____性和_____性。

三、简答题

1. 共价键的轨道重叠方式有哪几种?

2. 举例说明什么是 σ 键,什么是 π 键?它们有哪些不同?

3. 什么是氢键?哪些分子间易形成氢键?形成氢键对物质性质有哪些影响?

项目4 溶 液

📖 【学习目标】

➤ 掌握:物质的量;物质的量浓度和质量摩尔浓度;体积分数;质量分数和质量浓度;溶液的凝固点下降;渗透压的产生、范特霍夫公式和生理等渗溶液;依数性的应用;溶胶的制备和纯化;溶胶的光学性质、动力学性质、电学性质、稳定性和聚沉。

➤ 熟悉:分散系;分散质;分散剂;胶体分散系;摩尔分数;溶液的蒸气压下降;溶液的沸点升高。

➤ 了解:相;高分子溶液;表面现象。

🔍 案例导入

医用生理盐水溶液,分为生理氯化钠溶液和氯化钠注射液。生理氯化钠溶液,即为氯化钠的灭菌水溶液,含氯化钠(NaCl)0.85% ~0.95%(g/mL),pH 值 4.5 ~7.0,用于洗涤黏膜和伤口等。氯化钠注射液,即为氯化钠的等渗灭菌水溶液,含氯化钠(NaCl)0.85% ~0.95%(g/mL),pH 值为 4.5 ~7.0,含重金属不得超过千万分之三,每毫升中含内毒素量应小于 0.5EU(以生物效价为量值的内毒素单位),作为电解质补充液供注射使用。医用生理盐水溶液含氯化钠约为 0.9%(g/mL),其渗透压与正常人的血浆、组织液大致相近。

问题:1. 什么是溶液? 含 NaCl 0.9%(g/mL)是什么意思? 溶液浓度还有哪些表示方法?

2. 什么是渗透压? 为什么 0.9%(g/mL)氯化钠溶液渗透压与人体血浆的渗透压大致相等?

任务 4.1　分散系

4.1.1　分散系的概念

在进行科学研究时,常把作为研究对象的那一部分物质或空间称为体系。体系中物理性质和化学性质完全相同且与其他部分有明显界面的均匀部分称为相。只含一个相的体系称为单相或均相体系;含有两个或两个以上相的体系称为多相体系或非均相体系。

一种或几种物质以细小颗粒分散在另一种物质中形成的体系称为分散系。在分散系中,被分散的物质称为分散质或分散相,而容纳分散质的物质称为分散剂或分散介质。例如,生理盐水是组成氯化钠的钠离子和氯离子分散在水中形成的分散系;葡萄糖溶液是葡萄糖分子分散在水中形成的分散系。这里的氯化钠和葡萄糖是分散质(或分散相),水是分散剂(或分散介质)。

4.1.2　分散系的分类

分散系的某些性质常随分散相粒子的大小而改变。因此,按分散相粒子的大小不同可将分散系分为三类:小分子或离子分散系,其分散相粒子的直径在 1 nm 以下,称为真溶液;胶体分散系,其分散相粒子的直径在 1～100 nm,称为胶体溶液;粗分散系,其分散相粒子的直径在 100 nm 以上,称为浊液。不同分散系的主要性质见表4.1。

1)小分子或离子分散系

小分子或离子分散系通常称为溶液,分散相粒子的直径小于 1 nm。这类分散系中的分散相粒子是单个的分子或离子,因分散相粒子很小,在分散相和分散剂之间没有界面,不能阻止光线通过,所以溶液是透明的。溶液均一且具有高度稳定性,无论放置多久,分散相颗粒不会因重力作用而下沉。分散相颗粒能透过滤纸或半透膜,在溶液中扩散很快,例如,生理盐水和葡萄糖水溶液等。在溶液中,分散相又称为溶质,分散介质又称为溶剂。在化学和药学中最常见的是以水为溶剂的溶液,本书如无特别说明,溶液均是指水溶液。

2)胶体分散系

胶体分散系即胶体溶液,分散相粒子的直径在 1～100 nm,属于这一类分散系的有溶胶和高分子溶液,溶胶的分散相粒子称为胶粒。分散相和分散介质之间有界面,属于多相分散系。溶胶的稳定性和均匀程度不如溶液。高分子溶液是以单个高分子的形式分散在分散剂中形成的胶体分散系,如蛋白质溶液,分散相与分散介质之间没有界面。高分子溶液是均匀、稳定、透明的体系。在外观上胶体溶液不浑浊,用肉眼或普通显微镜均不能辨别。

表4.1 按分散相粒子大小分类的分散系

分散系名称		分散相组成	分散相大小	分散系主要性质	实 例
小分子或离子分散系	真溶液	小分子或离子	<1 nm	均相,澄清透明,稳定,能透过半透膜或滤纸,无丁达尔效应(详见4.4.1)	NaCl 溶液、空气、合金等
胶体分散系	胶体溶液	分子、原子、离子的聚集体	1~100 nm	非均相,有相对稳定性,能透过滤纸,不能透过半透膜,有丁达尔效应	Fe(OH)₃ 溶胶、As₂S₃ 溶胶等
	高分子溶液	高分子		均相,透明,稳定,能透过滤纸,不能透过半透膜,丁达尔效应微弱	蛋白质溶液、动物胶溶液等
粗分散系（浊液）	悬浊液	固体小颗粒	>100 nm	非均相,不透明,不稳定,不能透过滤纸和半透膜,能透光的浊液有丁达尔效应	泥浆、乳汁、豆浆等
	乳浊液	小液滴			

许多蛋白质、淀粉、糖原溶液及血液、淋巴液等都属于胶体溶液。胶体溶液还可以按照分散剂的状态分为固溶胶如烟水晶、有色玻璃;气溶胶如烟、雾、云;液溶胶如 AgI、Fe(OH)₃胶体。胶体颗粒能透过滤纸,但不能透过半透膜,因此可用渗析方法来精制。

3)粗分散系

在粗分散系中,分散相粒子直径大于 100 nm,因其粒子较大,用肉眼或普通显微镜可观察到。由于其颗粒较大,分散相和分散介质之间有界面,能阻止光线通过,因而外观上是浑浊的、不透明的。另外,因分散相颗粒大,不能透过滤纸或半透膜,但易受重力影响而自动沉降,因此不稳定。

粗分散系也称为浊液。按分散相状态的不同浊液可分为悬浊液和乳浊液。悬浊液是不溶性的固体颗粒分散在液体分散介质中所形成的粗分散系,如泥浆。乳浊液则是微小液滴分散在与之不相溶的另一种液体中所形成的粗分散系,如牛奶。

任务 4.2 溶液浓度的表示方法

人们在生活和工作中经常接触到溶液。人体内的血液、细胞内液、细胞外液以及其他的体液都是溶液,人体内的化学反应都是在溶液中进行的。营养物质的消化、吸收等无不与溶液有关。溶液与人体的关系相当密切,因此掌握溶液的知识是十分必要的。

溶液也称为"真溶液",是由两种或两种以上物质组成的均匀分散系,其中被分散的物质称为溶质,而溶质周围的介质称为溶剂。溶质被分散为小的分子或离子,所以溶液属于小分子或离子分散系。溶液可分为气态溶液、液态溶液和固态溶液。通常所说的溶液是指液态溶液。在液态溶液中,水溶液是最常见的。

4.2.1 溶解

溶液的形成过程就是溶质溶解于溶剂的过程,它总是伴有体积、颜色以及能量的变化。溶质的溶解过程和溶解后的状态与溶质和溶剂双方的性质有关。

1)溶解和水合作用

在乙醇溶液中,溶质以分子的形式存在,这种溶液称为分子溶液。许多固体溶质也以分子的形式离开固相,并存在于溶液中,如葡萄糖。

在 NaCl 溶解的过程中,溶质以离子的形式离开固相进入溶液,称为离子溶液;因其具有导电性,故也称为电解质溶液。溶质的正、负离子分别吸引水分子中的氧原子和氢原子,使得每个离子都被水分子包围着,这种现象称作水合作用(一般称为溶剂化作用)。离子离开晶格需要吸收能量,而它们与溶剂分子相互吸引、生成水合离子会释放能量,这两种能量之差,决定着溶解过程是吸热还是放热。

2)溶解度和"相似相溶"

关于溶解度的规律至今尚无完整的理论,因此无法准确预言气体、液体和固体在液体中的溶解度。但在归纳了大量实验事实的基础上,人们总结出了经验规律——"相似相溶"原理。这里"相似"是指溶质与溶剂在结构上相似;"相溶"是指溶质与溶剂彼此互溶。例如,水分子间有较强的氢键,水分子既可以为生成氢键提供氢原子,又因其中氧原子上有孤对电子而能接受其他分子提供的氢原子,氢键是水分子间的主要结合力。所以,凡能为生成氢键提供氢或接受氢的溶质分子,均和水"结构相似"。如 ROH(醇)、RCOOH(羧酸)、R_2C=O (酮)、$RCONH_2$(酰胺)等,均可通过氢键与水结合,在水中有相当的溶解度。当然上述物质中 R 基团的结构与大小对其在水中的溶解度也有影响。如:ROH(醇),随 R 基团的增大,分子中非极性的部分增大,这样与水(极性分子)结构差异就增大,所以在水中的溶解度也逐渐下降,见表4.2。

对于气体和固体溶质来说,"相似相溶"原理也适用。对于结构相似的一类气体,沸点越高,它的分子间作用力越大,就越接近于液体,因此在液体中的溶解度也越大。如 O_2 的沸点(90 K)高于 H_2 的沸点(20 K),所以 O_2 在水中的溶解度大于 H_2 的溶解度。

对于结构相似的一类固体溶质,其熔点越低,则其分子间作用力越小,也就越接近于液体,因此在液体中的溶解度也越大,即物质容易溶解在与其结构相似的溶剂中(也可以说极性分子易溶于极性溶剂,非极性分子易溶于非极性溶剂)。如碘、油脂等非极性物质,易溶于四氯化碳、苯等非极性溶剂中,而难溶于强极性的水中;氯化钠、氨等强极性物质易溶于强极性的水中,而难溶于非极性溶剂中。"相似相溶"虽为经验规则,但可运用于推测物质在不同溶剂中的溶解能力。

表4.2　醇在水中的溶解度(室温)

分子式	溶解度/[$g \cdot (100\ g)^{-1}$]	分子式	溶解度/[$g \cdot (100g)^{-1}$]
CH_3OH	无限混溶	$CH_3(CH_2)_5OH$	0.6
CH_3CH_2OH	无限混溶	$CH_3(CH_2)_6OH$	0.18
$CH_3(CH_2)_2OH$	无限混溶	$CH_3(CH_2)_7OH$	0.054
$CH_3(CH_2)_3OH$	9	$CH_3(CH_2)_9OH$	不溶
$CH_3(CH_2)_4OH$	2.7		

"相似相溶"概括了大量的实验现象,既适用于非电解质溶液,也适用于许多电解质溶液。例如,$KMnO_4$ 易溶于极性溶剂 H_2O,I_2 易溶于非极性溶剂 CCl_4,而 $KMnO_4$ 则难溶于 CCl_4,I_2 也难溶于 H_2O;CCl_4 和 H_2O 这两种溶剂也互不相溶。

4.2.2　溶液组成标度

溶液组成标度是指一定量的溶液或溶剂中所含溶质的量,其表示方法可分为两大类,一类是用溶质和溶剂的相对量表示,另一类是用溶质和溶液的相对量表示。由于溶质、溶剂或溶液使用的单位不同,溶液组成标度的表示方法也不同。

1)物质的量和物质的量浓度

物质的量:物质的量是用来表示物质多少的物理量,常用符号 n 表示,单位为 mol(摩尔),在使用摩尔时应指明基本单元,基本单元可以是原子、分子、离子、电子及其他粒子,或是这些粒子的特定组合。

物质的量浓度:溶液中溶质 B 的物质的量(n_B)除以溶液的体积(V),称为物质 B 的物质的量浓度,简称浓度,用符号 c_B 或 $c(B)$ 表示,即

$$c_B = \frac{n_B}{V} \tag{4.1}$$

化学和医学上常用 mol/L、mmol/L 或 μmol/L 等单位表示。

例4.1　$98.0\ g\ H_2SO_4$ 溶解在水中形成 $1.0\ L$ 溶液时,其物质的量浓度为多少?

解　$n(H_2SO_4) = \dfrac{98.0\ g}{98.0\ g/mol} = 1.0\ mol$

则 $c(H_2SO_4) = \dfrac{n(H_2SO_4)}{V} = \dfrac{1.0\ mol}{1.0\ L} = 1.0\ mol/L$

物质的量 n_B 与物质的质量 m_B、物质的摩尔质量 M_B 之间的关系为

$$n_B = \frac{m_B}{M_B} \tag{4.2}$$

例 4.2 H_2SO_4 的摩尔质量为 98.0 g/mol，100.0 g 硫酸用 H_2SO_4 表示时的物质的量为多少？

解 $n(H_2SO_4) = \dfrac{100.0 \text{ g}}{98.0 \text{ g/mol}} \approx 1.02 \text{ mol}$

应该指出，平常我们所说的浓度，就是指物质的量浓度。世界卫生组织建议：在医学上表示体液浓度时，凡是已知相对分子质量的物质，均用物质的量浓度。对于未知其相对分子质量的物质，则可用质量浓度。

2）质量浓度和质量摩尔浓度

质量浓度：溶液中溶质 B 的质量（m_B）除以溶液的体积（V），称为物质 B 的质量浓度，用符号 ρ_B 或 $\rho(B)$ 表示，即

$$\rho_B = \frac{m_B}{V} \tag{4.3}$$

质量浓度的基本单位是 kg/m^3，常用单位是 g/L、mg/L 和 $\mu g/L$ 等。医学上常用质量浓度表示相对分子质量未知的物质在体液中的含量。应用时注意质量浓度 ρ_B 和密度 ρ 的区别。

质量摩尔浓度：溶液中溶质 B 的物质的量（n_B）除以溶剂的质量（m_A），称为物质 B 的质量摩尔浓度，用符号 b_B 或 $b(B)$ 表示，单位为 mol/kg，即

$$b_B = \frac{n_A}{m_A} \tag{4.4}$$

例 4.3 1.0 mol H_2SO_4 溶解在 0.5 kg 水中，则 H_2SO_4 的质量摩尔浓度为多少？

解 $b(H_2SO_4) = \dfrac{n(H_2SO_4)}{m_{水}} = \dfrac{1.0 \text{ mol}}{0.5 \text{ kg}} = 2.00 \text{ mol/kg}$

质量摩尔浓度与体积无关，故不受温度变化的影响。对于较稀的水溶液来说，质量摩尔浓度近似等于其物质的量浓度。

3）质量分数和体积分数

质量分数：溶液中溶质 B 的质量（m_B）与溶液（或混合物）的质量（m）之比，称为溶质 B 的质量分数，用符号 ω_B 表示，即

$$\omega_B = \frac{m_B}{m} \tag{4.5}$$

质量分数是量纲为 1 的量，也可以用百分数表示。它常用在工业和商业中。

体积分数：溶液中溶质 B 的体积（V_B）与溶液（或混合物）的体积（V）之比，称为溶质 B

的体积分数,用符号 φ_B 表示,即

$$\varphi_B = \frac{V_B}{V} \tag{4.6}$$

体积分数也是量纲为 1 的量,也可以用百分数表示。医学上常用体积分数来表示溶质为液体或气体的溶液的组成。

4.2.3 溶液组成标度之间的换算关系

同一溶液在不同用途中,其溶液组成往往使用不同的表示方法,因此有时需进行换算。换算时应根据各种溶液组成表示方法的定义来进行,如涉及质量与体积间的转换时,必须以溶液的密度为桥梁才能实现换算;如涉及质量与物质的量间的转换时,应借助溶质的摩尔质量,才能进行换算。

物质 B 的质量浓度 ρ_B 与物质的量浓度 c_B 之间的关系为:

$$c_B = \frac{\rho_B}{M_B} \tag{4.7}$$

或

$$\rho_B = c_B \cdot M_B \tag{4.8}$$

📝 **课堂互动**

生理盐水的质量浓度为 $9\ g \cdot L$,其物质的量浓度是多少?

物质 B 的质量分数 ω_B 与物质的量浓度 c_B 之间的关系为

$$c_B = 1\ 000\rho \frac{\omega_B}{M_B} \tag{4.9}$$

式中,ρ 为溶液的密度,单位为 g/mL。

📝 **知识拓展**

《中华人民共和国药典》(2020 年版)规定,制剂的规格系指每一支、片或其他每一个单位制剂中含有主药的质量(或效价)或含量(%)或装量。注射液项下,如为"1 mL: 10 mg",系指 1 mL 中含有主药 10 mg;对于列有处方或标有浓度的制剂,也可同时规定装量规格。

例如,最新药典规定氯化钠注射液制剂的规格有 11 种,分别为 2 mL: 18 mg、5 mL: 45 mg、10 mL: 90 mg、20 mL: 180 mg、50 mL: 0.45 g、100 mL: 0.9 g、200 mL: 1.8 g、250 mL: 2.25 g、300 mL: 2.7 g、500 mL: 4.5 g、1 000 mL: 9 g。实际上这 11 种规格制剂主药 NaCl 的浓度都一样,质量浓度均为 9 g/L,即 0.9%(g/mL),物质的量浓度均为 0.154 mol/L。

以 250 mL: 2.25 g 为例,有关换算如下:

250 mL 氯化钠注射液含有 2.25 g NaCl,其物质的量为

$$n(NaCl) = \frac{m(NaCl)}{M(NaCl)} = \frac{2.25\ g}{58.44\ g/mol} \approx 0.038\ 5\ mol$$

250 mL 即为 0.250 L,计算可得

$$c(NaCl) = \frac{n(NaCl)}{V} = \frac{0.038\ 5\ mol}{0.250\ L} = 0.154\ mol/L$$

任务 4.3　稀溶液的依数性

通常溶液的性质取决于溶质的性质,如溶液的密度、颜色、气味、导电性等都与溶质的性质有关,但是溶液有几种性质却与溶质的本性无关,只取决于溶质的粒子数目,这些只与溶液中溶质粒子数目有关,而与溶质本性无关的性质称为溶液的依数性。

溶液的依数性是只在溶液的浓度很稀时才呈现的规律,而且溶液浓度越稀,其依数性的规律性越强。溶液的依数性有蒸气压下降、沸点升高、凝固点下降和渗透压。本任务主要讨论难挥发的非电解质稀溶液的依数性。

4.3.1　蒸气压下降

1)饱和蒸气压

在一定的温度下,将纯液体置于密闭容器中,当液体的蒸发速率和凝结速率相等时,气相和液相就处于两相平衡状态,此时的蒸气称为饱和蒸气,饱和蒸气所产生的压强称为饱和蒸气压,简称蒸气压,单位为 kPa。

在一指定温度下,固体的饱和蒸气压也有确定的数值。大多数固体的蒸气压都很小,但冰、碘、樟脑等均有较显著的蒸气压。

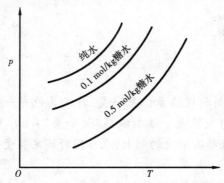

图 4.1　纯溶剂与溶液的饱和蒸气压曲线

2)溶液的蒸气压下降

在一定的温度下,纯水的蒸气压是一个定值。若在纯水中溶入少量难挥发非电解质(如蔗糖、甘油等)后,则发现在同一温度下,稀溶液的蒸气压总是低于纯水的蒸气压,如图 4.1 所示。

由于溶质是难挥发的物质,因此溶液的蒸气压实际上是溶液中溶剂的蒸气压。溶液的蒸气压之所以低于纯溶剂的蒸气压,是由于难挥发的非电解质溶质溶于溶剂后,溶质分子占据了溶液的一部分表面,阻碍了溶剂分子的蒸发,使单位时间内蒸发出来的溶剂分子数减少,产生的压力降低,因此溶液的蒸气压就比相同温度下纯溶剂的蒸气压低。显然溶液的浓度越大,溶液的蒸气压就越低。

设某温度下纯溶剂的蒸气压为 p^*,溶液的蒸气压为 p,p^* 与 p 的差值就称为溶液的蒸

气压下降,用 Δp 表示,即

$$\Delta p = p^* - p$$

法国物理学家拉乌尔(Raoult)对溶液的蒸气压进行了定量研究,得出如下结论:在一定温度下,难挥发非电解质稀溶液的蒸气压(p)等于纯溶剂的蒸气压(p^*)与溶液中溶剂的摩尔分数(χ_A)的乘积,即

$$p = p^* \cdot \chi_A \tag{4.10}$$

对于一个双组分体系来说,$\chi_A + \chi_B = 1$

所以 $p = p^*(1 - \chi_B) = p^* - p^* \cdot \chi_B$

$$\Delta p = p^* \cdot \chi_B \tag{4.11}$$

即在一定温度下,难挥发非电解质稀溶液的蒸气压下降与溶质的摩尔分数成正比,而与溶质的本性无关。

对于稀溶液,$n_A \gg n_B$,即 $n_A + n_B \approx n_A$,如果溶剂的质量为 m_A、摩尔质量为 M_A,则

$$\chi_B = \frac{n_B}{n_A + n_B} \approx \frac{n_B}{n_A} = \frac{n_B}{m_A/M_A} = b_B M_A \tag{4.12}$$

将式(4.12)代入(4.11)得

$$\Delta p = p^* b_B M_A$$

对于指定的温度和溶剂,式中的 M_A 和 p 均为定值。令 $K = b_B M_A$,可得

$$\Delta p = K b_B \tag{4.13}$$

式中,Δp 为难挥发非电解质稀溶液的蒸气压下降值;b_B 为溶液的质量摩尔浓度;K 为比例常数。式(4.13)表明:在一定温度下,难挥发非电解质稀溶液的蒸气压下降(Δp)与溶液的质量摩尔浓度成正比,而与溶质的种类和本性无关。

4.3.2 沸点升高

溶液的蒸气压与外界压力相等时的温度称为溶液的沸点。通常沸点指外压为101.3 kPa 时的沸点。如在 101.3 kPa 下水的沸点为 100 ℃。而在稀溶液中,由于加入了难挥发性的溶质,所以溶液的蒸气压下降了。

从图 4.2 中可见,在 $T_b^\ominus$ 时溶液的蒸气压和外界的大气压(101.3 kPa)并不相等,只有在大于 $T_b^\ominus$ 的某一温度 T_b 时才能相等。换言之,溶液的沸点要比纯溶剂的沸点高。很明显,其升高的数值与溶液蒸气压下降的多少有关,而蒸气压下降又与溶液的质量摩尔浓度成正比,可见沸点升高也应和溶液的质量摩尔浓度成正比。即

$$\Delta T_b = T_b - T_b^\ominus = K_b b_B \tag{4.14}$$

式中,ΔT_b 为沸点升高数值;b_B 为溶液的质量摩尔浓度;K_b 为溶剂的质量摩尔沸点升高常数,它是溶剂的特征常数,因溶剂的不同而不同。K_b 值可以理论推算,也可以实验测定,其单位是 ℃ · kg/mol 或 K · kg/mol。几种常见溶剂的 K_b 值见表 4.3。

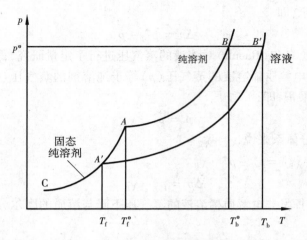

图 4.2 溶液的沸点升高和凝固点下降

表 4.3 几种常见溶剂的 K_b 值和 K_f 值

溶　剂	沸点 $t/℃$	$K_b/(℃·kg·mol^{-1})$	凝固点 $t/℃$	$K_f/(℃·kg·mol^{-1})$
水	100	0.512	0	1.86
乙醇	78.5	1.22	−117.3	—
丙酮	56.2	1.71	−95.4	—
苯	80.1	2.53	5.53	5.12
乙酸	117.9	4.07	16.6	4.9
萘	218.0	5.80	80.3	6.94

4.3.3　凝固点下降

物质的凝固点是指在某外压时,其液相和固相的蒸气压相等并能共存的温度。如在 101.3 kPa 外压时,纯水和冰在 0 ℃时的蒸气压均为 0.611 kPa,0 ℃即为水的凝固点。而溶液的凝固点通常是指溶液中纯固态溶剂开始析出时的温度,对于水溶液而言,就是指水开始变成冰析出时的温度。与稀溶液中沸点升高的原因相似,水和冰的蒸气压曲线只有在 0 ℃以下的某一温度 T_f 时才能相交,也即在 0 ℃以下才是溶液的凝固点,显然 $T_f < T_f^{\ominus}$,溶液的凝固点降低了。冬季汽车水箱中常加的防冻液、用于降温的制冷剂等都是对凝固点下降的应用。由于溶液的凝固点下降也是溶液的蒸气压降低所引起的,因此,凝固点的降低也与溶液的质量摩尔浓度 b_B 成正比,即

$$\Delta T_f = T_f^{\ominus} - T_f = K_f b_B \qquad (4.15)$$

式中,ΔT_f 为凝固点降低数值;K_f 为溶剂的质量摩尔凝固点降低常数,也是溶剂的特征常数,因溶剂的不同而不同,其单位是 ℃·kg/mol 或 K·kg/mol。几种常见溶剂的 K_f 值见表 4.3。

应当注意，K_b、K_f 分别是稀溶液的 ΔT_b、ΔT_f 与 b_B 的比值，不能机械地将 K_b 和 K_f 理解成质量摩尔浓度为 1 mol/kg 时的沸点升高 ΔT_b 和凝固点下降 ΔT_f，因为 1 mol/kg 的溶液已不是稀溶液，溶剂化作用及溶质粒子之间的作用力已不可忽视，ΔT_b、ΔT_f 与 b_B 之间已不成正比。

溶质的相对分子质量可通过溶液的沸点升高及凝固点下降的方法进行测定。在实际工作中，常用凝固点降低法，这是因为：①对同一溶剂来说，K_f 总是大于 K_b，所以凝固点下降法测定时的灵敏度高；②用沸点升高法测定相对分子质量时，往往会因实验温度较高引起溶剂挥发，使溶液变浓而引起误差；③某些生物样品在沸点时易被破坏。

🔍 知识拓展

溶液的凝固点下降和蒸气压下降还有助于说明植物的防寒抗旱功能。研究表明，当外界气温发生变化时，植物细胞内会强烈地生成可溶性碳水化合物，从而使细胞液浓度增大，凝固点降低，保证了在一定的低温条件下细胞液不致结冰，表现了相当的防寒功能；另外，细胞液浓度增大，有利于其蒸气压的降低，从而使细胞中水分的蒸发量减少，蒸发过程变慢，因此在较高的气温下能保持一定的水分而不枯萎，表现了相当的抗旱功能。

在有机化学、药物分析等学科中也常常用测定化合物的熔点或沸点的办法来检验化合物的纯度。把含有杂质的化合物当作溶液，则其熔点比纯化合物的低，沸点比纯化合物的高，而且熔点的降低值和沸点的升高值与杂质含量有关。

4.3.4　溶液的渗透压

人在淡水中游泳，会觉得眼球胀痛；因失水而发蔫的花草，浇水后又可重新复原；在插鲜花的瓶中加入一些水，可以使鲜花更鲜艳；淡水鱼不能生活在海水里……上述现象均与渗透有关。

1）渗透现象和渗透压

将一滴蓝色溶液加入到一杯纯水中，杯子里的水很快就会变成蓝色。这叫作"扩散现象"，是蓝色物质自发地从浓度大的地方向浓度小的地方扩散，扩散的结果使溶液成为一个均匀的体系。这种扩散是在直接接触时发生的。

如果不让溶液与水直接接触，用一种只允许溶剂分子通过，而溶质分子不能通过的半透膜把它们隔开，如图 4.3（a）所示。这样会有什么现象发生呢？

半透膜是一种只允许某些物质透过而不允许另一些物质透过的薄膜。例如，动物的肠衣、细胞膜、血管壁，人工制得的羊皮纸、玻璃纸、火棉胶等，都属于半透膜。理想的半透膜只允许溶剂分子（如水分子）透过，而溶质分子或离子不能透过。本书中的半透膜未作特殊说明明时，均指理想半透膜。

当把溶液（如蔗糖溶液）和它的纯溶剂（如水）用半透膜隔开时，溶剂分子可以自由地透过半透膜，而溶质分子不能透过。由实验可知，溶剂分子透过半透膜的速度与单位体积溶液中所含溶剂的分子数成正比。由于溶液中单位体积内的溶剂分子数小于纯溶剂中单位体积内的溶剂分子数,所以,溶剂分子透过半透膜进入溶液中的速度大于溶液一侧向纯溶剂中透过的速度。总的结果是有一部分溶剂分子透过半透膜进入溶液,使溶液的体积增大,液面升高,如图4.3(b)所示。这种溶剂分子透过半透膜进入溶液的现象称为渗透现象,这个过程称为渗透。随着溶液液面的升高,其液柱产生的静水压力逐渐增大,从而使溶液中的溶剂分子加速透过半透膜,同时使纯溶剂一侧向溶液的渗透速度减小。当静水压力增大到一定值后,两个方向的渗透速度就会相等,液柱高度不再变化,达到渗透平衡。

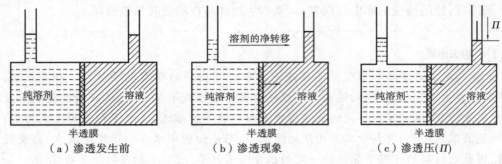

图4.3 渗透现象和渗透压

当稀溶液与浓溶液用半透膜隔开时,同样也会产生渗透现象,此时溶剂分子由稀溶液一侧向浓溶液一侧渗透,也可认为浓溶液有吸水作用。由此可知:溶剂的渗透是由稀溶液向浓溶液渗透。

综上所述,产生渗透现象必须具备两个条件:一是有半透膜存在;二是半透膜两侧的溶液单位体积内溶剂分子数目不相等,或者说,半透膜两侧单位体积内溶剂分子的浓度不相等。

在一定温度下,将一溶液与纯溶剂用半透膜隔开,为阻止渗透现象的发生而在溶液液面上施加的额外压力称该溶液在这个温度下的渗透压,如图4.3(c)所示。渗透压用符号 Π 表示,其单位是 Pa 或 kPa。

如果半透膜两侧是不同浓度的溶液,为了阻止渗透现象的发生,可以在较浓溶液液面上施加一额外压力。但是,这个压力既不是浓溶液的渗透压,也不是稀溶液的渗透压,而是两种溶液的渗透压之差。

2)渗透压与溶液浓度和温度的关系

1886 年荷兰化学家范特霍夫(Van't Hoff)根据实验数据归纳出一条定律:难挥发非电解质稀溶液的渗透压与溶液的浓度和绝对温度的乘积成正比,可以表示为

$$\Pi = cRT \tag{4.16}$$

式中,Π 为溶液的渗透压(kPa),c 为非电解质溶液的物质的量浓度(mol/L),T 为溶液的绝对温度(单位为 K,$T = 273.15 + t$),R 为摩尔气体常数,$R = 8.314\ \text{J/(K·mol)}$。这一关系称为范特霍夫定律。

例4.4 有一蛋白质的饱和水溶液,每升含有蛋白质 5.18 g,已知在 298.15 K 时,溶

液的渗透压为 413 Pa,求此蛋白质的相对分子质量。

解

由 $\Pi = c_B RT = \dfrac{mRT}{M_B V}$,得

$$M_B = \frac{mRT}{\Pi V} = \frac{5.18\ \text{g} \times 8.314\ \text{J}/(\text{K} \cdot \text{mol}) \times 298.15\ \text{K}}{413 \times 10^{-3}\ \text{kPa} \times 1} = 310\ 90\ \text{g/mol}$$

从范特霍夫定律可以得出这样的结论:在一定温度下,稀溶液的渗透压取决于单位体积溶液里溶质的质点数,而与溶质的本性和种类无关。所以,渗透压也称为稀溶液的依数性。

范特霍夫定律适用于非电解质稀溶液渗透压的计算。计算电解质溶液的渗透压时,由于电解质在溶液中会发生电离,1"分子"的电解质会产生若干个离子,使溶液中溶质微粒的总浓度大于电解质本身的浓度,所以,必须要考虑电解质的离解。故公式(4.16)引进了校正系数 i(i 称为范特霍夫系数),即

$$\Pi = icRT \tag{4.17}$$

对难挥发强电解质的稀溶液,i 值可以近似取整数,它表示 1 个强电解质"分子"在溶液中离解出的离子数。例如 NaCl 溶液 $i = 2$,CaCl₂ 溶液 $i = 3$,Na₃PO₄ 溶液 $i = 4$,NaHCO₃ 溶液 $i = 2$。

课堂互动

临床上使用的生理盐水注射液(9.0 g/L)和葡萄糖注射液(50.0 g/L)的渗透浓度为多少?

3)渗透压在医学上的意义

渗透现象和生命科学有着密切的联系,它广泛存在于动植物的生理活动中。

(1)渗透浓度。正常人体可以看作是一个等温体系,根据范特霍夫定律,体液的渗透压只与体液中溶质微粒(分子或离子)的总数有关。体液是一个复杂的体系,有电解质也有非电解质。体液中的非电解质分子和电解质电离而产生的离子,无论哪一个分子或哪一个离子对体液的渗透压的贡献都是一样的,即它们中每一个粒子的渗透效应都是相同的。因此在医学上,通常用渗透浓度来比较溶液渗透压的大小。

渗透浓度可以定义为:1 L 溶液中能产生渗透效应的所有溶质微粒的总的物质的量。用符号 c_{os} 表示,单位常用 mmol/L。

(2)等渗、低渗和高渗溶液。在相同温度下,如果两溶液的渗透压相等,则称两溶液互为等渗溶液。如果溶液的渗透压不相等,渗透压高的称为高渗溶液,渗透压低的称为低渗溶液。由此可知,等渗、低渗和高渗溶液是相对的,与所选取的相对标准有关。

临床上,溶液的等渗、低渗和高渗是以血浆的渗透浓度为标准来衡量的。由实验测定

结果可知,正常人血浆的渗透浓度平均值约为 304.7 mmol/L。据此,临床上规定:凡是渗透浓度在 280~320 mmol/L 的溶液为等渗溶液;渗透浓度低于 280 mmol/L 的溶液为低渗溶液;渗透浓度高于 320 mmol/L 的溶液为高渗溶液。临床上常用到的生理盐水(质量浓度为 9 g/L 的 NaCl 溶液)、50 g/L 的葡萄糖和 12.5 g/L 的 $NaHCO_3$ 溶液均为等渗溶液。

在给患者输液时,通常要考虑溶液的渗透压。这是因为红细胞内液为等渗溶液,当红细胞置于低渗溶液中时,细胞膜外溶液的渗透压低于细胞膜内溶液的渗透压,水分子向细胞内渗透,红细胞将逐渐膨胀,当膨胀到一定程度后就会破裂,释出血红蛋白。这种现象在医学上称为溶血现象,如图 4.4(a)所示。当红细胞置于高渗溶液中时,细胞膜外溶液的渗透压高于细胞膜内溶液的渗透压,水分子向细胞外渗透,红细胞将逐渐皱缩,这种现象在医学上称为胞浆分离,如图 4.4(b)所示。皱缩后的细胞失去了弹性,当它们相互碰撞时,就可能粘连在一起而形成血栓。只有在等渗溶液中时,红细胞才能保持其正常形态和生理活性,如图 4.4(c)所示。溶血现象和血栓的形成在临床上都可能会造成严重的后果。

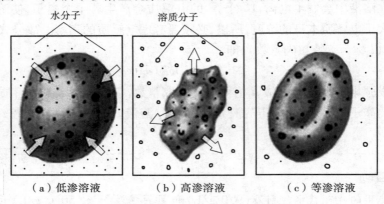

（a）低渗溶液　　　　（b）高渗溶液　　　　（c）等渗溶液

图 4.4　红细胞在不同溶液中的形态示意图

临床上还有许多其他方面也要考虑溶液的渗透压。例如,通常用与组织细胞液等渗的生理盐水冲洗伤口,如用纯水或高渗盐水会引起疼痛;当配制眼药水时,除了要考虑溶液的酸碱度外,还要考虑溶液的渗透压与眼结膜细胞内液的渗透压是否相等,否则会刺激眼睛引起疼痛;在使用高渗溶液时,应注意一次输入剂量不宜过大,注射速度要慢一些。

（3）晶体渗透压与胶体渗透压。人体体液中含有多种电解质(如 NaCl)、小分子物质(如葡萄糖)和高分子化合物(如蛋白质等)。其中电解质离解的小离子和小分子物质产生的渗透压称为晶体渗透压,蛋白质等高分子化合物产生的渗透压称为胶体渗透压。人体血浆的正常渗透压约为 770 kPa,其中晶体渗透压约为 766 kPa,胶体渗透压仅为 4.85 kPa 左右。

由于生物半透膜(如细胞膜和毛细血管壁)对各溶质的通透性并不相同,所以晶体渗透压和胶体渗透压有不同的生理功能。细胞膜是一种功能极其复杂的半透膜,不但蛋白质等大分子物质不易透过,小分子物质和电解质离子也不能自由透过,只有水分子可以自由透过细胞膜。由于晶体渗透压远大于胶体渗透压,所以细胞外液晶体渗透压对维持细胞内外的水、盐平衡和细胞正常形态起着重要作用。毛细血管壁也是半透膜,它可以让水、体积小的离子和小分子物质自由通过,而不允许蛋白质等高分子化合物的分子和离子透过,所以血浆中胶体渗透压对维持毛细血管内外的水、盐平衡起着重要作用。如果因某种原因而使血浆蛋白含量减少,导致血浆胶体渗透压降低,血浆内的水、盐就会透过毛细血管壁进入组织间液,引起水肿。

任务 4.4　胶体和表面现象

案例导入

胶体溶液型药剂是指一定大小的固体颗粒药物或高分子化合物分散在溶剂中所形成的胶体溶液。其粒子直径一般在 $1 \sim 100$ nm,分散剂大多数为水,少数为非水溶剂。固体颗粒以多分子聚集体(胶体颗粒)分散于溶剂中,构成多相不均匀分散体系(疏液胶);高分子化合物以单分子形式分散于溶剂中,构成单相均匀分散体系(亲液胶)。这类溶液具有其特有性质,它既不同于低分子分散系——真溶液(分散相粒子直径小于 1 nm),也不同于粗分散系——悬浊液(分散相粒子直径大于 100 nm)。胶体溶液在药剂学中应用甚广,尤其是动植物药在制剂过程中与胶体溶液有密切关系。

问题:1. 什么是胶体溶液?

　　　2. 溶胶具有哪些性质? 与医药和生活有什么关系?

胶体分散系在自然界中普遍存在,与人类的生活及环境密切相关,并且在医学上也有重要的意义。例如,构成机体组织的蛋白质、核酸、糖原等都是胶体物质;血液、细胞液、淋巴液等均具有胶体的性质。

分散相粒子直径为 $1 \sim 100$ nm 的分散系称为胶体分散系,简称胶体。它包括溶胶和高分子溶液。固态分散相分散于液态分散介质中所形成的胶体称为溶胶。溶胶的分散相粒子是由许多小分子、离子或原子聚集而成的胶粒,它与分散介质之间有界面存在,属于非均相体系。如 $Fe(OH)_3$ 溶胶、As_2S_3 溶胶及硫单质溶胶等。高分子溶液的分散相粒子是单个的高分子,属于均相体系。如蛋白质溶液、核酸溶液等。

4.4.1　溶胶的性质和结构

溶胶分散相的粒子由许多分子聚集而成,高度分散在不相容的介质中。溶胶不是一类特殊的物质,而是任何物质都可以存在的一种特殊状态。

1)溶胶的性质

(1)光学性质——丁达尔效应。1869 年,英国物理学家丁达尔(J. Tyndall)发现,在暗室中,用一束聚焦的光束照射溶胶,在与光束垂直的方向观察,可以看到溶胶中有一道明亮的光柱,如图 4.5 所示,这个现象称为丁达尔效应(或乳光现象)。

产生这一现象的原因是胶粒对光的散射。其他分散系也会产生这种现象,但远不如溶胶的显著,因此,利用丁达尔效应可区别真溶液、悬浊液和溶胶。

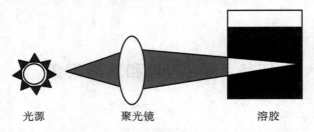

光源　　　　　　聚光镜　　　　　　溶胶

图 4.5　丁达尔效应

(2)动力学性质——布朗运动。1827 年,英国植物学家布朗(R. Brown)在显微镜下观察到悬浮在水中的花粉微粒不停地作无规则运动,如图 4.6 所示。后来他又发现在超级显微镜下胶粒在分散介质中也不断地作无规则的热运动。这种运动因是布朗所发现的,所以称为布朗运动。

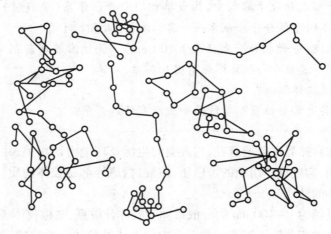

图 4.6　布朗运动

产生布朗运动的原因是周围分散剂分子不断地从各个方向撞击胶粒,胶粒每一瞬间受到的撞击力在各个方向上是不同的,因此胶粒一直处于无秩序运动状态。

(3)电学性质——电泳。将 $Fe(OH)_3$ 溶胶放入装有两个电极的 U 形管中,小心地在两液面上加入 NaCl 溶液(用于导电),并使溶胶与 NaCl 溶液间有一清晰的界面。接通直流电后,可以观察到负极一端棕红色 $Fe(OH)_3$ 的溶胶界面上升,而正极一端的界面下降,表明 $Fe(OH)_3$ 胶粒向负极移动,如图 4.7 所示。若换上 As_2S_3 胶体溶液,则 As_2S_3 胶粒向正极移动。这种胶粒在电场作用下定向移动的现象称为电泳。电泳现象说明胶粒是带有电荷的,通常大多数金属氧化物、金属氢氧化物溶胶的胶粒带正电荷,如氢氧化铁、氢氧化铝等;而金、银、铂、硫、硫化砷、硫化锑、硅酸等胶粒则带负电荷。

(4)胶团的结构。溶胶的性质与其结构有关,人们根据大量实验提出了溶胶的扩散双电层结构。下面以 AgI 溶胶为例,讨论胶团的结构。首先 Ag^+ 与 I^- 反应后生成 AgI 分子,由大量的 AgI 分子聚集成粒径为 1～100 nm 的颗粒,该颗粒称为胶核。由于胶核颗粒很小,分散度很高,因此,具有较高的表面能。若此时体系中存在过剩的离子,胶核就要有选择地吸附这些离子。若体系中 AgNO₃ 过量,根据"相似相吸"的原则,胶核优先吸附 Ag^+ 而带正电。被胶核吸附的离子称为电位离子。此时因胶核表面带有较为集中的正电荷,故它会通过静电引力吸引带负电荷的 NO_3^-。人们常将这些带相反电荷的离子称为反离子。电位离子与反离子组成吸附层,胶核与吸附层组成胶粒,而胶粒与部分反离子(分布在胶粒周围,称为扩散层)形成不带电的胶团。如图 4.8 所示,为 AgI 胶团的结构式及其示意图。

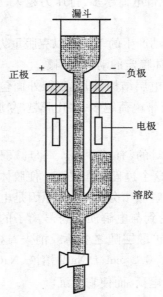

图 4.7　电泳管

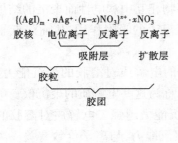

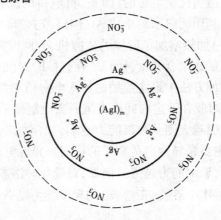

图 4.8　AgI 胶团的结构式及其示意图

4.4.2　溶胶的稳定性和聚沉

1)溶胶的稳定性

溶胶是高度分散的、具有较大表面能的不稳定体系,胶粒间有相互聚结而降低其表面能的趋势,但溶胶却具有一定的稳定性。其主要原因有以下三个。

(1)胶粒带电。同一溶胶的胶粒带有相同符号的电荷,使胶粒之间相互排斥,从而阻止了胶粒互相接近与聚集。胶粒带电荷越多,排斥力越大,胶粒就越稳定。胶粒带电是胶体稳定的一个主要因素。

(2)布朗运动。由于布朗运动产生的动能足以克服重力对胶粒的作用,使胶粒均匀分布而不聚沉,所以布朗运动是胶体稳定的动力学因素。

(3)水化膜胶团具有水化双电层结构,即在胶粒外面包有一层水化膜,这层水化膜使胶粒彼此隔开不易聚集。胶粒所带电荷越多,水化膜越厚,胶体越稳定。

2)溶胶的聚沉

溶胶的稳定性是暂时的、相对的、有条件的。一旦减弱或消除溶胶稳定的因素,就能使胶粒凝聚成较大颗粒而沉降,这个过程叫作聚沉。使胶体聚沉的方法有下列几种。

(1)加入电解质。溶胶对电解质十分敏感,其原因是电解质影响胶粒的双电层结构,电解质使胶粒扩散层中反离子受到与电解质同符号离子的排斥而进入吸附层,使胶粒的电荷数减少甚至消除,水化膜和扩散层随之变薄或消失,这样胶粒就能迅速凝集而聚沉。如在 1 mL Sb_2S_3 溶胶中加入一滴 0.2 mol/L NaCl 溶液,NaCl 溶液电离出的 Na^+ 可在一定程度上中和 Sb_2S_3 胶粒所带的负电荷,而使它聚沉。

(2)加入相反电荷的溶胶,如带负电荷的 As_2S_3 胶体溶液与带正电荷的 $Fe(OH)_3$ 胶体溶液按适当比例混合时,因正、负电荷的胶粒相互中和电性,而立即聚沉。明矾的净水作用就是利用明矾水解生成 $Al(OH)_3$ 与带负电的胶状污物相互中和电性而聚沉的结果。

(3)加热增加了胶粒的碰撞机会,同时降低了它对离子的吸附作用,从而降低了胶粒所带电量和水合程度,使粒子在碰撞时聚沉。

三种方法中最主要的是加入电解质聚沉法。不同的电解质对溶胶的聚沉能力不同。使 1 L 溶胶在一定时间内聚沉所需电解质的最小浓度,称为这一电解质的聚沉值。电解质的聚沉值越大则其聚沉能力越弱,聚沉值越小则其聚沉能力越强。电解质对溶胶的聚沉作用,主要是异性电荷离子的作用。异性电荷离子的聚沉能力,与离子价数有关。离子价数越高,聚沉能力越强。例如,对硫化砷溶胶(负溶胶)的聚沉能力是 $AlCl_3 > CaCl_2 > NaCl$;对 $Fe(OH)_3$ 溶胶(正溶胶)的聚沉能力是 $Na_3PO_4 > Na_2SO_4 > NaCl$。

4.4.3　高分子溶液

高分子溶液的分散相微粒直径为 1～100 nm,属于胶体分散系,其分散相是单个的高分子或离子。

高分子化合物(又称大分子化合物)是指由一种或多种小的结构单元重复连接而成的相对分子质量在一万以上,甚至高达几百万的化合物。它包括天然高分子化合物和合成高分子化合物两类。常见的天然高分子化合物有淀粉、纤维素和蛋白质等。而常见的合成高分子化合物有聚乙烯塑料、合成橡胶和合成纤维等。

高分子化合物分子中的结构单元称为链节。大多数高分子化合物的分子结构呈线状或线状带支链,每个分子中所含的链节数不等。通常说的高分子化合物的摩尔质量是指平均摩尔质量。

1)高分子溶液的特性

(1)稳定性较大。高分子溶液属于均相稳定体系,在稳定性方面它与真溶液相似。这是因为高分子具有很多亲水基团(如—OH、—COOH、—NH$_2$ 等),溶于水时,表面上的亲水基团通过氢键与水分子结合,形成密而厚的水化膜。由于水化膜的存在,高分子相互碰撞时不易凝聚。水化膜的形成是高分子溶液具有稳定性的重要原因。

(2)黏度较大。高分子溶液的黏度比真溶液和溶胶大得多,这是因为高分子化合物具有线状或分支状结构,把部分溶剂包围在结构中使它失去流动性。另外高分子化合物高度溶剂化,使自由流动的溶剂减少,故黏度较大。

(3)溶解过程是可逆的。高分子化合物能自动溶解在溶剂里形成真溶液。用蒸发或烘干的方法将其凝结后,如果再加入溶剂又能使其自动溶解复原,即它的溶解过程是可逆的。而胶体溶液聚沉后,加入溶剂一般不能使其复原。

(4)渗透压较高。在相同浓度下高分子溶液比溶胶具有较高的渗透压,这是由于高分子化合物长链上的每一个链段都是能独立运动的小单元,从而使高分子化合物具有较高的渗透压。

2)高分子溶液的盐析和保护作用

(1)盐析。加入大量电解质使高分子从溶液中聚沉的过程,称为盐析。盐析的实质是电解质电离出的离子具有较强的溶剂化作用。加入大量电解质,一方面使高分子脱溶剂化,导致水化膜减弱或消失;另一方面溶剂被电解质夺去,导致这部分溶剂失去溶解高分子化合物的能力,故高分子化合物发生聚沉。

溶胶聚沉只需少量电解质,而高分子溶液聚沉则需要加入大量电解质。这是因为溶胶稳定的主要因素是胶粒带电荷,电解质中和电荷的能力很强,只需少量电解质就能中和胶粒所带的电荷;而高分子溶液稳定的主要因素是分子表面有一层厚而致密的水化膜,要破坏水化膜需加入大量的电解质。

(2)保护作用。溶胶对电解质是很敏感的,加入少量电解质,溶胶就会聚沉。而在溶胶中加入适量的高分子化合物,能大大提高溶胶的稳定性,这就是高分子化合物对溶胶的保护作用。在溶胶中加入高分子化合物,高分子化合物附着在胶粒表面,一方面可以使原来憎液的胶粒变成亲液,从而提高胶粒的溶解度;另一方面可以在胶粒表面形成一个高分子保护膜,以增强溶胶的抗电解质能力。保护作用在生理过程中具有重要意义。例如,在健康人的血液中所含的碳酸镁、磷酸钙等难溶盐，都是以溶胶状态存在，被血清蛋白等高分子化合物保护着的。当人生病时，血清蛋白等保护物在血液中的含量减少了，这样就有可能使溶胶发生聚沉而堆积在身体的各个部位，使新陈代谢发生故障，形成肾结石、胆结石等。

3) 凝胶

（1）凝胶的形成与分类。凝胶又称冻胶。在适当条件下，高分子溶液和溶胶黏度逐渐增大，最后失去流动性，形成具有网状结构、外观均匀并保持一定形态的弹性半固体，这种半固体物质称为凝胶，形成凝胶的过程称为胶凝。例如豆浆是流体，加入电解质后变成豆腐，豆腐即是凝胶。

凝胶的形成是因为大量的高分子化合物或胶粒通过范德华力相互交联形成立体网状结构，把分散介质包围在网眼中，使其不能自由流动，而变成半固体状态。

根据凝胶中液体含量的多少，凝胶分为冻胶和干胶。液体含量在 90% 以上的凝胶称为冻胶（如血块等），其余的称为干胶（如琼脂等）。根据凝胶的形态，可分为弹性凝胶和非弹性凝胶。凡是烘干后体积缩小很多但仍保持弹性，放入溶剂中又恢复弹性的凝胶，称为弹性凝胶，如明胶、肉冻、琼脂等；若烘干后体积缩小不多但失去弹性的凝胶，称为非弹性凝胶，如氢氧化铝、硅胶等。

（2）凝胶的主要性质。

①膨胀作用。干燥的弹性凝胶放入适当的溶剂中，自动吸收液体，使凝胶的体积和质量增大的现象，称为膨胀作用。如果凝胶在液体中的膨胀作用进行到一定程度便停止，则称这种膨胀作用为有限膨胀；如果凝胶在液体中的膨胀作用一直进行，最终使凝胶的网状骨架成分全消失而形成溶液，则称为无限膨胀。膨胀现象用途广泛，如药用植物的浸取，一般只有在植物组织膨胀后，才能将有效成分提取出来，片剂的崩解也与膨胀作用有关。

②离浆凝胶在放置过程中缓慢自动地渗出液体，出现体积缩小的现象，称为脱水收缩或离浆，如常见的糨糊久置后要析出水，血块放置后便有血清分离出来等。

脱水收缩是膨胀的逆过程，可认为是凝胶的网状相互靠近，促使网孔收缩，把一部分液体从网眼中挤出来的结果。体积虽然变小但仍然保持原来的几何形状。离浆现象在生命过程中普遍存在，因为人类的细胞膜、肌肉组织纤维等都是凝胶状的物质。老年人皮肤松弛变皱主要是细胞老化导致离浆而引起的。

③触变作用。某些凝胶受到振摇或搅拌等外力作用，网状结构被拆散变成有较大流动性的溶液状态（稀化），去掉外力静置后，又恢复成半固体凝胶状态（重新稠化）的现象，称为触变现象。触变现象产生的原因：凝胶的网状结构是通过范德华力形成的，不稳定、不牢固，振摇即能将其破坏，释放液体，静置后，由于范德华力作用又形成网络，包住液体而成凝胶。

生物体内的肌肉、脑髓、软骨、指甲、毛发、细胞膜等都是凝胶。很多生理过程，如血液的凝结、人体的衰老等都与凝胶的性质有关。所有人造的和天然的半透膜都是凝胶。半透膜的作用是让一些小分子、离子通过而大分子不能透过，能否透过半透膜是由膜的网络孔径决定的，也与网状结构中所含液体的性质及膜孔壁上的电荷有关，凝胶膜与分子筛相似,可以分离大小不同的分子。近年来迅速发展的凝胶电泳和凝胶色谱法就利用了凝胶的这一特点。

4.4.4　表面现象

在体系中相与相之间的分界面称为界面。习惯上把固相或液相与气相之间的界面称为表面,发生在相界面上的一切物理、化学现象称为表面现象。

1)表面张力与表面能

物质表面层的分子和内部分子由于所处的环境不同,受力情况不同,因而它们的能量也不相同。以气-液表面为例。处于液体内部的 A 分子,周围分子对它的作用力相等,彼此互相抵消,所受的合力为零,所以 A 分子在液体内部移动时不需做功。而表面层的 B 分子则不同,液体内部分子对它的吸引力大于上方稀疏的气体分子对它的吸引力,所受合力不等于零,合力的方向指向液体内部并与液面垂直,表面层的其余分子也都受到同样力的作用,这种合力力图把表面层的分子拉回液体内部。因此液体表面有自动缩小的趋势,或者说液体表面有一种抵抗扩张的力,这种力称为表面张力,用符号 σ 表示,单位为N/m,即以垂直作用于单位长度表面上的力表示。保持温度、压力不变,若增大液体的表面积,将液体内部的分子移到表面上,就要克服这种内部分子的拉力而对其做功,所做的功以位能的形式储存于表面分子上。表面层分子要比内部分子多出一部分能量,这部分能量称为表面能。表面能(E)等于表面张力(σ)和表面积(A)的乘积。即

$$E = \sigma \times A \tag{4.18}$$

2)表面吸附

固体或液体表面吸引其他物质的分子、原子或离子聚集在其表面的过程称为吸附。例如,在充满红棕色溴蒸气的玻璃瓶中放入少量活性炭,可以看到瓶中的红棕色逐渐变淡或消失,大量溴被活性炭表面吸附。具有吸附作用的物质(如活性炭)称为吸附剂。被吸附的物质(如溴)称为吸附质。吸附作用可发生在固体或液体表面上。吸附作用是一个可逆过程。因为被吸附在吸附剂上的分子通过分子热运动,可挣脱吸附剂表面而逸出,这种与吸附作用相反的过程,称为解吸。当吸附与解吸的速度相等时,即达到吸附平衡。

(1)固体表面的吸附。一些疏松多孔或细粉末状的固体物质,如活性炭、硅胶、活性氧化铝等,具有很大的表面积,由于它们都有固定的形状,表面积无法自动缩小,因而常通过吸附作用把周围介质中的分子、原子或离子吸附到自己的表面上,以降低表面能。固体表面上的吸附根据作用力性质的不同,分为物理吸附和化学吸附两类。物理吸附的作用力是范德华力(分子间引力),由固体表面的分子与吸附质分子之间的静电作用产生。这类吸附没有选择性,吸附速度快,吸附与解吸易达平衡,但因分子间引力大小不同,吸附的难易程度也不相同。低温时易发生物理吸附。化学吸附的作用力是化学键力,由于固体表面原子的成键能力未被相邻原子所饱和,还有剩余的成键能力,这些原子与吸附质的分子或原子作用形成了化学键。这类吸附具有选择性,但吸附与解吸都较慢,升高温度可增强

化学吸附。物理吸附是普遍现象,化学吸附通常在特定的吸附剂和吸附质之间产生。

固体表面的吸附应用广泛。例如,活性炭能吸附有害气体和某些有色物质,常用作防毒面具的去毒剂或作为色素水溶液的脱色剂;硅胶和活性氧化铝常用于色谱分离的吸附剂;在实验室中,常用无水硅胶作干燥剂,防止仪器和试剂受潮。

(2)液体表面上的吸附。纯液体的表面张力在一定温度下为一定值。在纯溶剂中加入某种溶质时,溶质分子会占据液体表面,所得溶液的表面张力将随之改变。表面张力的改变大致有两种情况:第一种情况是在一定范围内表面张力随溶质浓度的增加而降低,如肥皂、烷基苯磺酸盐(合成洗涤剂)等物质,称为表面活性物质。它们的表面张力比纯液体的小,故溶质分子自动集中在表面以降低表面张力,结果溶液表面层的浓度大于溶液内部的浓度,这种吸附称为正吸附(简称吸附)。第二种情况是表面张力随溶质浓度的增加而升高,如 $NaCl$、KNO_3 等无机盐以及蔗糖、甘露醇等多羟基有机物,称为表面非活性物质。它们的表面张力比纯液体的大,为了使体系的表面张力趋于最低,溶质分子尽可能进入溶液内部,此时溶液表面层的浓度小于其内部浓度,这种吸附称为负吸附。

 目标检测

一、单选题

1. 下列溶液中与血浆等渗的溶液是(　　　)。
    A. 90 g/L NaCl　　　B. 100 g/L 葡萄糖　　　C. 9 g/L NaCl　　　D. 50 g/L NaHCO₃

2. 某患者需补 5.0×10^{-2} mol Na⁺,应补生理盐水的体积为(　　　)。
    A. 300 mL　　　B. 500 mL　　　C. 233 mL　　　D. 325 mL

3. 生理盐水的物质的量浓度为(　　　)。
    A. 0.015 4 mol/L　　　B. 308 mol/L　　　C. 0.154 mol/L　　　D. 15.4 mol/L

4. 下列温度相同、质量浓度相同的四种溶液中,渗透压最大的是(　　　)。
    A. 葡萄糖溶液　　　B. 氯化钠溶液　　　C. 氯化钙溶液　　　D. 蔗糖溶液

5. 影响渗透压的因素有(　　　)。
    A. 压力、温度　　　B. 压力、密度　　　C. 浓度、温度　　　D. 浓度、黏度

6. 下列能使红细胞发生皱缩的溶液是(　　　)。
    A. 12.5 g/L NaHCO₃　　　　　　　　B. 1.0 g/L NaCl
    C. 9.0 g/L NaCl　　　　　　　　　　D. 100 g/L 葡萄糖

7. 医学上已知相对分子质量的物质在人体内的组成标度,原则上用(　　　)表示其浓度。
    A. 物质的量浓度　　　B. 质量浓度　　　C. 质量摩尔浓度　　　D. 质量分数

8. 在 37 ℃条件下,NaCl 溶液和葡萄糖溶液的渗透压均等于 770 kPa,则两溶液的物质的量浓度关系为(　　　)。
    A. $c(\text{NaCl}) = c(\text{葡萄糖})$　　　　　　B. $c(\text{NaCl}) = 2c(\text{葡萄糖})$

C. $2c(NaCl) = c(葡萄糖)$　　　　　D. $c(NaCl) = 2.5c(葡萄糖)$

9. 欲使被半透膜隔开的两种溶液间不发生渗透现象,其条件是(　　)。

　　A. 两溶液酸度相同　　　　　　　B. 两溶液体积相同

　　C. 两溶液的物质的量浓度相同　　D. 两溶液的渗透浓度相同

10. 使溶胶稳定最主要的原因是(　　)。

　　A. 高分子溶液的保护作用　　　　B. 胶粒表面存在水化膜

　　C. 分散相的布朗运动　　　　　　D. 胶粒带电

二、简答题

1. 胶体溶液稳定的原因有哪些? 使胶体溶液聚沉的方法有哪些?

2. 举几个例子说明盐析及其在日常生活中的应用。

三、计算题

1. 将 10.0 g NaCl 溶于 90 g 水中,测得此溶液的密度为 1.07 g/mL,求此溶液的质量分数、物质的量浓度和质量浓度。

2. 科学家从人尿中提取出了一种中性含氮化合物,现将 90 mg 纯品溶解在 12 g 蒸馏水中,所得溶液的凝固点比纯水降低了 0.233 K,试计算此化合物的相对分子质量。

3. 用实验方法测得某肾上腺皮质机能不全患者的血浆的冰点为 -0.48 ℃,则此患者的血浆为等渗溶液、低渗溶液还是高渗溶液? 计算此血浆在 37 ℃时的渗透压力。

4. 试计算 10 mL 的 100 g/L 的 KCl 注射液中,K^+ 和 Cl^- 各含多少毫摩尔。

5. 将 5.0 g 某高分子化合物,溶于 1 000 mL 水中配成溶液,在 27 ℃时测得该溶液的渗透压为 0.37 kPa,求该高分子化合物的相对分子质量。

6. 将 1.00 g 血红素溶于适量纯水中,配成 100 mL 溶液,20 ℃时测得其渗透压为 0.366 kPa,求血红素的相对分子质量。

项目5 化学平衡

【学习目标】

➤ 掌握:化学平衡状态及标准平衡常数的概念;书写标准平衡常数表达式。
➤ 熟悉:化学平衡的计算;平衡原理;求出有关反应平衡常数。
➤ 了解:平衡移动的原理;浓度、温度、压力对化学平衡的影响。

案例导入

化学平衡是重要的化学反应原理之一,在工业生产中应用于提高产品质量、产量和原料转化率等,对人类的健康生活具有重要指导作用。例如,牙齿表面有一层坚硬的羟磷灰石,具有保护牙齿作用,在唾液中存在如下化学平衡。

$$Ca_5(OH)(PO_4)_3(羟磷灰石) \Longleftrightarrow 5Ca^{2+} + OH^- + 3PO_4^{3-}$$

酸性物质可使该化学平衡正方向移动,使牙齿受到腐蚀。人们利用含氟牙膏中的氟离子与羟磷灰石反应生成更坚硬的氟羟磷灰石,可有效地预防龋齿。

又如,关节炎是关节滑液中形成了尿酸钠晶体而引起的,其化学反应如下:

$$HUr(尿酸) + H_2O \Longleftrightarrow Ur^- + H_3O^+ \tag{1}$$

$$Ur^- + Na^+ \Longleftrightarrow NaUr(晶体) \tag{2}$$

反应(2)是放热反应,降温有利于尿酸钠晶体的生成,这就是寒冷季节易诱发关节疼痛的原因,而保暖或热敷能预防和减轻关节炎病。

问题:1.什么化学反应可以形成化学平衡?

2.什么是化学平衡?影响化学平衡移动的因素有哪些?怎样影响?

任务 5.1　可逆反应与化学平衡

5.1.1　可逆反应

在日常生产中,常常可以看到水变成水蒸气,水蒸气冷凝又变成水。同样,化学反应也都能够向两个相反的方向进行。例如,水煤气中的一氧化碳在高温下与水蒸气作用可以得到二氧化碳和氢气:

$$CO + H_2O =\!=\!= CO_2 + H_2$$

与此同时,所生成的二氧化碳和氢气也可以相互作用生成一氧化碳和水蒸气:

$$CO_2 + H_2 =\!=\!= CO + H_2O$$

以上两个反应式实际上可写为:

$$CO + H_2O =\!=\!= CO_2 + H_2$$

实际上几乎所有的化学反应都可逆,反应既可以朝正方向进行,也可以反方向(逆方向)进行。例如高温下:

$$CO(g) + H_2O(g) =\!=\!= CO_2(g) + H_2(g)$$

在同一条件下,一氧化碳与水蒸气作用生成二氧化碳和氢气的同时,也存在着二氧化碳与氢气反应生成一氧化碳和水蒸气的过程。在同一条件下,既能向正反应方向进行又能向逆反应方向进行的反应,称为可逆反应。通常将按反应方程式从左向右进行的反应称为正反应,从右向左进行的反应称为逆反应。在书写化学方程式时也常用"$=\!=\!=$"表示反应的可逆性。

各种化学反应的可逆程度有很大差别。有的反应可逆程度比较大,如上述一氧化碳与水蒸气的反应;有的反应可逆程度比较小,如盐酸与氢氧化钠的反应,实际上只朝一个方向进行。像这种只朝一个方向进行"到底"的反应,称为不可逆反应。

5.1.2　化学平衡

对于可逆反应,在一定条件下,随着反应进行,反应物不断地被消耗,浓度不断减少,正反应速率随之减慢,与此同时生成物浓度在不断增大,逆反应速率随之加快。随着时间推移,正反应速率将等于逆反应速率,此时正反应消耗反应物(如一氧化碳)的速率等于逆反应生成该反应物的速率,反应体系内反应物和生成物的浓度不再随时间变化而改变。人们将这种在一定条件下,可逆反应正反应速率和逆反应速率相等,反应物和生成物的浓度(或含量)不再随时间变化而改变的状态,称为化学平衡,如图5.1所示。

可逆反应处于平衡状态时,$v_正 = v_逆 \neq 0$,反应并未停止,仍在进行,是一种动态平衡。

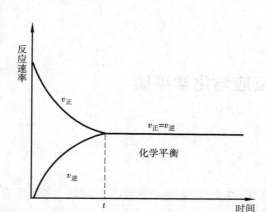

图 5.1　可逆反应的正逆反应速率变化示意图

对于任何可逆反应,无论是从正反应开始还是从逆反应开始,最终在一定条件下均能建立化学平衡。化学平衡是在一定条件下建立的,当外界条件发生改变时,平衡将被打破,并在新的条件下建立新的化学平衡。

化学平衡的基本特征:

(1)化学平衡是一种动态平衡,从微观上看,正逆反应仍以相同的速率进行,只是净反应结果无变化(净反应结果为零,可用同位素标记法来实验证实)。

(2)反应达到平衡时,系统的组成是一定的,不再随时间的变化而变化。

(3)在一定条件下,系统的平衡组成与达到平衡状态的途径无关。

(4)化学平衡是相对的、有条件的平衡。当条件改变时,反应系统可以从一种平衡状态变化到另一种平衡状态,即发生化学平衡的移动。

任务 5.2　标准平衡常数

5.2.1　实验平衡常数

对可逆反应:$H_2 + I_2 \rightleftharpoons 2HI$ 做进一步的研究,就会发现可逆反应的另一特点。如表 5.1 所示,当在系统中引入不同起始浓度的 $c(H_2)$ 和 $c(I_2)$,并在同一温度下反应达到平衡时,各物质的浓度并不相同。但是,生成物浓度幂和反应物浓度幂的乘积之比 $[c^2(HI)/c(H_2) \cdot c(I_2)]$ 近乎相等。也就是说,此比值为一常数。这个常数就是该反应在指定温度下的浓度实验平衡常数或称浓度经验平衡常数 K_c。

表 5.1　平衡系统 $H_2 + I_2 \rightleftharpoons 2HI$ 各物质的浓度(425 ℃)

实例	反应前浓度/(mol·L⁻¹)			平衡时浓度/(mol·L⁻¹)			平衡时的比
	$c(H_2) \times 10^3$	$c(I_2) \times 10^3$	$c(HI) \times 10^3$	$c(H_2) \times 10^3$	$c(I_2) \times 10^3$	$c(HI) \times 10^3$	$c^2(HI)/c(H_2)c(I_2)$
1	11.336 7	7.509 8	0	4.564 7	0.737 8	13.511	54.468
2	10.677 3	10.761 0	0	2.252 3	2.336 0	16.850	53.964
3	10.666 3	11.964 2	0	1.831 3	3.129 2	17.671	54.492

可逆反应达到平衡状态时,反应体系中各物质浓度不再改变,反应到达最大限度。不

同化学反应可逆程度不同,可逆反应的可逆程度可用平衡常数进行描述。

大量实验证明,对于任何一个可逆反应

$$aA + bB \Longrightarrow gG + hH$$

有

$$K_c = \frac{c_G^g c_H^h}{c_A^a c_B^b} \tag{5.1}$$

式中,c_A、c_B、c_G、c_H分别代表物质 A、B、G、H 的平衡浓度,单位为 mol/L;a、b、g、h分别为各反应物和生成物平衡浓度的计量系数。

如果化学反应为气相反应,温度一定时,气体的分压与其浓度成正比,平衡常数既可以用平衡时各物质的浓度计算得出,也可以用平衡时各气体的平衡分压替代各物质的平衡浓度计算得出。例如,气相反应

$$aA(g) + bB(g) \Longrightarrow gG(g) + hH(g)$$

达到化学平衡时,各物质的浓度不再改变,各物质的分压也不再改变,有

$$K_p = \frac{p_G^g p_H^h}{p_A^a p_B^b} \tag{5.2}$$

式中,p_A、p_B、p_G、p_H分别代表物质 A、B、G、H 在平衡状态时的分压;K_p为压力平衡常数。

已达化学平衡的气相反应,可由各物质的平衡浓度计算出K_c,同时也可由各物质的平衡分压计算出K_p,平衡浓度和平衡分压均可通过实验测定,因此将K_c和K_p统称为实验平衡常数或经验平衡常数。由式(5.1)和(5.2)可以看出,实验平衡常数K_c是有单位的,只有当反应物化学计量数之和与生成物化学计量数之和相等时,量纲才为 1。另外,同一气相反应K_c和K_p一般是不相等的,但它们所表示的却是同一平衡状态,两者之间有一定的数量关系。

将理想气体气态方程$p = \frac{n}{V}RT = cRT$代入式(5.2),可得

$$K_p = K_c(RT)^{\Delta n} \tag{5.3}$$

式中,Δn为气态生成物化学计量数总和与气态反应物化学计量数总和之差。

对于同一可逆反应,平衡常数只是温度的函数,随温度改变而变化,与反应体系中各物质的浓度无关。

例 5.1　在某温度下,已知可逆反应 $2SO_2(g) + O_2(g) \Longrightarrow 2SO_3(g)$,达到平衡时 $c(SO_2) = 2$ mol/L、$c(O_2) = 1$ mol/L、$c(SO_3) = 3$ mol/L。求该温度下可逆反应的平衡常数。

解　由式(5-1)得

$$K_c = \frac{c^2(SO_3)}{c^2(SO_2)c(O_2)} = \frac{(3 \text{ mol/L})^2}{(2 \text{ mol/L})^2 \times 1 \text{ mol/L}} = 2.25$$

5.2.2 标准平衡常数

可逆反应达到平衡状态时,反应体系中各物质浓度不再随时间变化而改变,此时各物质浓度称为平衡浓度。若将平衡浓度除以标准状态浓度 $c^\ominus$,则得到一个比值,是平衡浓度对标准浓度的倍数,这个倍数称为化学平衡时的相对浓度。如果是气相反应,则将平衡分压除以标准压强 $p^\ominus$,得到相对分压。相对浓度和相对分压的量纲均为 1。化学反应达到平衡时,体系中各物质的相对浓度、相对分压也不再变化。

对于可逆反应

$$aA(aq) + bB(aq) \rightleftharpoons gG(aq) + hH(aq)$$

平衡时 A、B、G、H 的相对浓度分别表示为 $\frac{c_A}{c^\ominus}$、$\frac{c_B}{c^\ominus}$、$\frac{c_G}{c^\ominus}$ 和 $\frac{c_H}{c^\ominus}$。

其标准平衡常数

$$K^\ominus = \frac{\left(\frac{c_G}{c^\ominus}\right)^g \left(\frac{c_H}{c^\ominus}\right)^h}{\left(\frac{c_A}{c^\ominus}\right)^a \left(\frac{c_B}{c^\ominus}\right)^b}$$

对于溶液相反应,相对浓度 $\frac{c_A}{c^\ominus}$、$\frac{c_B}{c^\ominus}$、$\frac{c_G}{c^\ominus}$ 和 $\frac{c_H}{c^\ominus}$ 分别用 [A]、[B]、[G] 和 [H] 简化表示。故其标准平衡常数 $K^\ominus$ 简化为

$$K^\ominus = \frac{[G]^g [H]^h}{[A]^a [B]^b}$$

对于气相可逆反应

$$aA(g) + bB(g) \rightleftharpoons gG(g) + hH(g)$$

平衡时 A、B、G、H 的相对分压,分别表示为 $\frac{p_A}{p^\ominus}$、$\frac{p_B}{p^\ominus}$、$\frac{p_G}{p^\ominus}$ 和 $\frac{p_H}{p^\ominus}$。故其标准平衡常数为

$$K^\ominus = \frac{\left(\frac{p_G}{p^\ominus}\right)^g \left(\frac{p_H}{p^\ominus}\right)^h}{\left(\frac{p_A}{p^\ominus}\right)^a \left(\frac{p_B}{p^\ominus}\right)^b}$$

对于复相反应,纯固相、液相和水溶液中大量存在的水,其相对浓度不用写入标准平衡常数表达式中。无论是溶液反应、气相反应还是复相反应,因标准平衡常数表达式中分子、分母均无量纲,所以标准平衡常数也无量纲。

液相反应 $c^\ominus = 1.0$ mol/L,所以液相反应 K_c 与其 $K^\ominus$ 在数值上相等,但气相 K_p 一般与其 $K^\ominus$ 在数值上不等。

5.2.3 平衡常数的书写

平衡常数有如下书写规则:

（1）如果反应体系中有固体、纯液体参加时，因它们在反应过程中可以认为浓度没有变化，故其浓度通常看成常数，不写入平衡常数表达式中。例如：

$$CaCO_3(s) \rightleftharpoons CaO(s) + CO_2(g)$$

$$K_c = c(CO_2), K_p = p(CO_2)$$

（2）在水为溶剂的稀溶液中进行反应时，如果反应体系中有水参加或生成，则通常将水的浓度看成常数，不写入平衡常数表达式中。例如：

$$Cr_2O_7^{2-}(aq) + H_2O(l) \rightleftharpoons 2CrO_4^{2-}(aq) + 2H^+(aq)$$

$$K^\ominus = \frac{[CrO_4^{2-}]^2 [H^+]^2}{[Cr_2O_7^{2-}]}$$

对于这种复相的平衡常数，既不是 K_c，也不是 K_p，一般可以用 K 表示。

但在非水溶液反应体系中，若反应有水参加或生成，则水的浓度不可以看成常数，必须写入平衡常数表达式中。例如，酯化反应

$$C_2H_5OH + CH_3COOH \rightleftharpoons CH_3COOC_2H_5 + H_2O$$

$$K^\ominus = \frac{[CH_3COOC_2H_5][H_2O]}{[C_2H_5OH][CH_3COOH]}$$

（3）平衡常数的表达式与化学反应方程式的书写有关。例如：

$$\frac{1}{2}N_2(g) + \frac{3}{2}H_2(g) \rightleftharpoons NH_3(g)$$

$$K_c' = \frac{c(NH_3)}{c^{\frac{1}{2}}(N_2)c^{\frac{3}{2}}(H_2)}$$

$$N_2(g) + 3H_2(g) \rightleftharpoons 2NH_3(g)$$

$$K_c = \frac{c^2(NH_3)}{c(N_2)c^3(H_2)}$$

$$2NH_3(g) \rightleftharpoons N_2(g) + 3H_2(g)$$

$$K_c'' = \frac{c(N_2)c^3(H_2)}{c^2(NH_3)}$$

通过观察可得，$K_c = (K_c')^2$，即平衡常数为 K_c' 的反应式各物质化学计量数同时乘以2，则平衡常数变为 K_c；$K_c = \frac{1}{K_c''}$，即同一化学反应正反应和逆反应的平衡常数互为倒数关系。

（4）多重平衡规则。如果某个反应可以表示为两个或多个反应的总和（或差），则总反应的平衡常数等于各分步反应平衡常数之积（或商）。例如：

$$H_2(g) + \frac{1}{2}O_2(g) \rightleftharpoons H_2O(g)$$

$$K_c' = \frac{c(H_2O)}{c(H_2)c^{\frac{1}{2}}(O_2)}$$

$$CO_2(g) \rightleftharpoons CO(g) + \frac{1}{2}O_2(g)$$

$$K_c'' = \frac{c(CO)c^{\frac{1}{2}}(O_2)}{c(CO_2)}$$

将两式相加可得

$$H_2(g) + CO_2(g) \Longrightarrow CO(g) + H_2O(g)$$

$$K_c = \frac{c(CO)c(H_2O)}{c(H_2)c(CO_2)}$$

通过观察可得

$$K_c = K_c' K_c''$$

课堂互动

1. 写出反应 $MnO_4^- + 5Fe^{2+} + 8H^+ \Longrightarrow Mn^{2+} + 5Fe^{3+} + 4H_2O$ 的标准平衡常数 $K^\ominus$。

2. 计算反应 $PO_4^{3-} + 3H^+ \Longrightarrow H_3PO_4$ 的标准平衡常数 $K^\ominus$。

任务 5.3　标准平衡常数的应用

化学反应的标准平衡常数是表明反应系统处于平衡状态的一种数量标志,利用它能够解释许多问题。如判断反应程度(或限度)、预测反应方向以及计算平衡组成等。

5.3.1　判断反应程度

一定条件下,化学反应达到平衡状态时,正、逆反应速率相等,净反应速率等于零,平衡组成不再改变。这表明在这种条件下反应物向产物转化达到了最大限度。如果该反应的标准平衡常数很大,其表达式的分子(对应产物的分压或浓度)比分母(对应反应物的分压或浓度)要大得多,说明反应物大部分转化成产物了,反应进行得比较完全。不难理解,如果 $K^\ominus$ 的数值很小,表明平衡时产物对反应物的比例很小,反应正向进行的程度很小,反应进行得很不完全。$K^\ominus$ 越小,反应进行得越不完全。如果 $K^\ominus$ 数值大小适中($10^3 > K^\ominus > 10^{-3}$),平衡混合物中产物和反应物的分压(或浓度)相差不大,反应物大部分转化为产物。对同类反应而言,$K^\ominus$ 越大,反应进行得越完全。

5.3.2　预测反应方向

对于给定反应,在给定温度 T 下,标准平衡常数 $K^\ominus(T)$ 具有确定值。如果按照 $K^\ominus(T)$ 表达式的同种形式来表示反应:

$$aA(g) + bB(g) \Longrightarrow xX(g) + yY(aq)$$

$$Q = \frac{(p_j(\mathrm{X})/p^\ominus)^x (c_j(\mathrm{Y})/c^\ominus)^y}{(p_j(\mathrm{A})/p^\ominus)^a (c_j(\mathrm{B})/c^\ominus)^b}$$

式中，p_j，c_j 表示某时刻物质 j 的分压浓度，Q 被称为反应商。Q 与 $K^\ominus$ 数学表达式在形式上是相同的，表达式中的分子是产物 $p^B/p^\ominus$ 或 $c^B/c^\ominus$ 幂的乘积；分母是反应物的 $p^B/p^\ominus$ 或 $c^B/c^\ominus$ 幂的乘积；幂与相关物质的计量数绝对值相同。但是，反应商 Q 与平衡常数 $K^\ominus$ 却是两个不同的量。$K^\ominus(T)$ 是由反应物、产物平衡时的 $p^B/p^\ominus$ 或 $c^B/c^\ominus$ 计算得到的。当系统处于非平衡态时 $Q \neq K^\ominus$，表明反应仍在进行中。随着时间的推移，Q 在不断变化，直到 $Q = K^\ominus$，$v_正 = v_逆$，反应达到平衡。那么，当 $Q \neq K^\ominus$ 时，如果 $Q < K^\ominus$ 时，反应正向进行，$Q > K^\ominus$ 时，反应逆进行。$Q = K^\ominus$ 时，反应达到平衡；$Q < K^\ominus$ 时，反应正向进行；$Q > K^\ominus$ 时，反应逆向进行。这就是化学反应进行方向的反应商判据。

5.3.3　平衡组成的计算

在一定条件下化学反应达到平衡，平衡系统中各物质浓度之间的数量关系就因制约于平衡常数而被确定下来。实验和工业生产中正是根据这种平衡关系来计算有关物质的平衡浓度、平衡常数以及反应物的转化率。

某一反应的平衡转化率是指平衡时已转化了的量占反应前该反应物的总量的百分数，常以 a 来表示，即

$$a = \frac{某反应物转化了的量}{反应前该反应物的总量} \times 100\%$$

对气体恒容或在溶液中进行的反应，可以用浓度变化来表示 a，即

$$a = \frac{某反应物转化的浓度}{反应前该反应物的初始浓度} \times 100\%$$

平衡转化率是指在一定条件下，理论上能达到的最大转化程度。

例 5.2　在某温度下，可逆反应 $CO(g) + H_2O(g) \rightleftharpoons CO_2(g) + H_2(g)$ 达到化学平衡时，$K_c = 1$，假设 CO 和 H_2O 的起始浓度分别为 2 mol/L 和 3 mol/L，计算此温度下可逆反应达到化学平衡时各物质的平衡浓度和 CO 的转化率。

解　设可逆反应达到化学平衡时体系中 CO_2 和 H_2 的变化浓度均为 x

	$CO(g)$	$+ H_2O(g)$	$\rightleftharpoons CO_2(g)$	$+ H_2(g)$
起始浓度(mol/L)	2	3	0	0
变化浓度(mol/L)	x	x	x	x
平衡浓度(mol/L)	$2-x$	$3-x$	x	x

计算：

$$K_c = \frac{c(CO_2)c(H_2)}{c(CO)c(H_2O)} = \frac{x^2}{(2-x)(3-x)} = 1$$

解得：$x = 1.2$ mol/L，根据平衡浓度关系有

$c(CO_2) = c(H_2) = 1.2$ mol/L，$c(CO) = 2$ mol/L $- 1.2$ mol/L $= 0.8$ mol/L，

$$c(H_2O) = 3 \text{ mol/L} - 1.2 \text{ mol/L} = 1.8 \text{ mol/L}$$

CO 起始浓度为 2 mol/L,已转化的浓度为 1.2 mol/L,因此 CO 的转化率为

$$a = \frac{1.2 \text{ mol/L}}{2 \text{ mol/L}} \times 100\% = 60\%$$

任务 5.4　化学平衡的移动

在一定条件下,当可逆反应的正反应速率和逆反应速率相等时,可建立一种动态化学平衡。当外界条件改变时,原平衡将被破坏,正、逆反应速率不再相等,反应将会向某一个反应方向进行,经过一定时间在新的条件下重新建立化学平衡,此时反应体系中各物质平衡浓度与原平衡状态下各物质平衡浓度不同。人们将这种当外界条件改变,可逆反应从一种平衡状态转变到另一种平衡状态的过程,称为化学平衡的移动。影响化学平衡的因素很多,这里主要讨论浓度、压强和温度对化学平衡的影响。

对于任一可逆反应

$$aA(g) + bB(g) \Longrightarrow gG(g) + hH(g)$$

某时刻可逆反应在非平衡状态下体系中各物质浓度之间的关系为

$$Q = \frac{c_G{}^g \, c_H{}^h}{c_A{}^a \, c_B{}^b}$$

其中 Q 称为反应商,其数学表达式与平衡常数 K_c 类似,但 Q 表达式中浓度值为反应进行到某一时刻的浓度,为非平衡浓度,而 K_c 表达式中浓度值则为平衡浓度。

只有反应达到平衡时,反应商 Q 才与平衡常数 K_c 相等(即 $Q = K_c$)。通过比较某时刻反应商 Q 与平衡常数 K_c,可判断出这一时刻可逆反应所处的状态。

(1)当 $Q < K_c$ 或 $Q/K_c < 1$ 时,可逆反应处于非平衡状态,反应向正反应方向进行(称平衡正向移动或向右移动),直至 $Q = K_c$ 为止(建立新的平衡)。

(2)当 $Q = K_c$ 或 $Q/K_c = 1$ 时,可逆反应处于平衡状态(可逆反应在此条件下进行到最大限度)。

(3)当 $Q > K_c$ 或 $Q/K_c > 1$ 时,可逆反应处于非平衡状态,反应向逆反应方向进行(称平衡逆向移动或向左移动),直至 $Q = K_c$ 为止(建立新的平衡)。

利用 K_p 和 $K^{\ominus}$ 与相应的反应商相比较,也可以判断非平衡状态下可逆反应进行的方向,但必须注意 K 和 Q 的一致性。

已达平衡的可逆反应,当外界条件如浓度、压强、温度等发生改变时,致使 $Q \neq K_c$,平衡被破坏,就会发生平衡移动。下面讨论浓度、压强、温度等因素对化学平衡移动的影响。

5.4.1　浓度对化学平衡的影响

在一定温度下,可逆反应

$$a\text{A}(\text{g}) + b\text{B}(\text{g}) \Longleftrightarrow g\text{G}(\text{g}) + h\text{H}(\text{g})$$

达到平衡后,若在某时刻增大反应物 A 或 B 的浓度,根据质量作用定律可知,正反应速率会瞬间加快,使得 $v_正 \neq v_逆 (v_正 > v_逆)$,平衡状态被破坏,反应向着正反应的方向进行,反应物 A 和 B 的浓度不断减小,正反应速率不断减慢,同时生成物 G 和 H 的浓度不断增大,逆反应速率不断加快,反应进行一定时间后又会出现正反应速率与逆反应速率相等的状态,即在新的条件下建立新的平衡,同时体系中各物质浓度也发生改变,从原平衡状态转变到另一种平衡状态,如图 5.2 所示。可见,在其他条件不变的情况下,增大反应物浓度,化学平衡向着正反应方向移动。

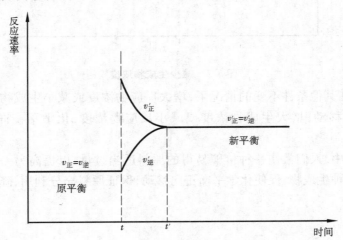

图 5.2　增大反应物浓度

若在某时刻减小生成物 G 或 H 的浓度,根据质量作用定律可知,逆反应速率会瞬间减慢,同样使得 $v_正 \neq v_逆 (v_正 > v_逆)$,平衡状态被破坏,反应向着正反应的方向进行,反应进行一定时间后又会出现正反应速率与逆反应速率相等的状态,在新的条件下重新建立新的平衡,此过程如图 5.3 所示。可见,在其他条件不变的情况下,减小生成物浓度或增大反应物浓度,化学平衡向着正反应方向移动。同理可得,在其他条件不变的情况下,增大生成物浓度或减小反应物浓度,化学平衡向着逆反应方向移动。

浓度对化学平衡的影响,也可以通过比较浓度反应商 Q_c 和平衡常数 K_c 来判断。

可逆反应达到化学平衡时,有

$$Q_c = \frac{c_G{}^g \, c_H{}^h}{c_A{}^a \, c_B{}^b} = K_c$$

改变反应体系中任一反应物或者生成物浓度,会改变 Q_c 大小,使得 $Q_c \neq K_c$,化学平衡发生移动。若增大反应物浓度或减少生成物浓度,会使 Q_c 减小,从而使得 $Q_c < K_c$,原有平

衡被破坏,反应向正反应方向进行,直至 $Q_c = K_c$ 为止,此时反应建立新的平衡;反之,若增大生成物浓度或减小反应物浓度,会使 Q_c 增大,从而使得 $Q_c > K_c$,反应向逆反应方向进行,同样在新的条件下建立新的平衡。

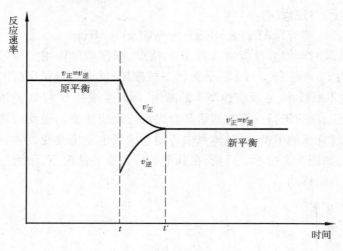

图 5.3   减少生成物浓度

综上所述,在其他条件不变的情况下,增大反应物浓度或减小生成物浓度,化学平衡向着正反应方向移动;增大生成物浓度或减小反应物浓度,化学平衡向着逆反应方向移动。

在实际生产中,人们常使一种价廉易得的原料适当过量,以提高另一原料的转化率;或者不断分离某种生成物,促使化学平衡正向移动,保证原料充分利用,降低生产成本,提高经济效益。

5.4.2   压强对化学平衡的影响

压强变化对没有气体参加的化学平衡几乎没有影响,而对有气体参加的化学平衡有影响。

一定温度下,在密闭容器中进行的任一可逆反应

$$a\mathrm{A}(\mathrm{g}) + b\mathrm{B}(\mathrm{g}) \Longrightarrow g\mathrm{G}(\mathrm{g}) + h\mathrm{H}(\mathrm{g})$$

达到化学平衡时,其平衡常数

$$K_\mathrm{p} = \frac{p_\mathrm{G}^g p_\mathrm{H}^h}{p_\mathrm{A}^a p_\mathrm{B}^b}$$

若保持反应温度不变,将平衡体系总压强增大到原来的 2 倍,则反应体系中各物质的分压也将增大到原来的 2 倍,此时反应体系的压力反应商为:

$$Q_\mathrm{p} = \frac{(2p_\mathrm{G})^g (2p_\mathrm{H})^h}{(2p_\mathrm{A})^a (2p_\mathrm{B})^b} = K_c \times 2^{(g+h)-(a+b)}$$

压力对化学平衡的影响有以下几种情况:

（1）反应前后气体分子总数相等，其他条件不变，无论是增大总压强还是减小总压强，化学平衡不发生移动。

（2）反应前后气体分子总数不相等，分为两种情况：

①反应物分子总数小于生成物分子总数，其他条件不变。增大反应体系压强，反应向逆反应方向移动，即化学平衡向气体分子总数减小的方向移动；相反，减小压强，化学平衡向气体分子总数增加的方向移动。

②反应物分子总数大于生成物分子总数，其他条件不变。增大反应体系压强，反应向正反应方向移动，即化学平衡向气体分子总数减小方向移动；相反，减小压强，化学平衡向气体分子总数增加的方向移动。

综上所述，在其他条件不变的情况下，压强变化只对有气体参加且反应前后气体分子总数不相等的化学平衡有影响。增大压强，平衡向气体分子总数减小的方向移动；减小压强，平衡向气体分子总数增大的方向移动。

5.4.3　温度对化学平衡的影响

浓度或压强对化学平衡的影响通过改变反应商 Q，使 $Q \neq K$ 实现，而温度对化学平衡的影响则是通过改变其平衡常数 K，使 $Q \neq K$ 实现。

通过化学热力学有关公式可以推导出温度与化学平衡常数之间的关系为

$$\ln \frac{K_2}{K_1} = \frac{\Delta H}{R} \left(\frac{T_2 - T_1}{T_1 T_2} \right)$$

K_1、K_2 分别为可逆反应在温度 T_1、T_2 下的平衡常数，ΔH 为可逆反应的反应热。对于可逆反应，若正反应为吸热反应，则逆反应为放热反应；反之，若正反应为放热反应，则逆反应为吸热反应。

对于吸热反应（$\Delta H > 0$），当 $T_2 > T_1$（即温度由 T_1 升高到 T_2）时，由上式得 $K_2 > K_1$，即平衡常数随温度的升高而增大，此时 $K_2 > Q$，化学平衡向正反应方向移动（即向吸热反应方向移动），在 T_2 下建立新的化学平衡。当 $T_2 < T_1$（即温度由 T_1 降低到 T_2）时，由上式得 $K_2 < K_1$，即平衡常数随温度的降低而减小，此时 $K_2 < Q$，化学平衡向逆反应方向移动（即向放热反应方向移动），在 T_2 下建立新的化学平衡。对于放热反应（$\Delta H < 0$），同理也可得到类似的结论。

总之，在其他条件不变的情况下，升高温度，平衡向吸热反应方向移动，降低温度平衡向放热反应方向移动。

⚒ **课堂互动**

关节炎是一种发病率很高的疾病，在寒冷的冬季或关节受冷更易诱发，严重影响人们身体健康。关节炎是怎么形成的？患关节炎后日常应该如何护理？

针对上述各种因素对化学平衡的影响，法国化学家勒夏特列（Le Chatelier）将其概括

为一条普遍规律:假如改变影响平衡体系的一个条件(如浓度、压强或温度),平衡向着减弱这个改变的方向移动。这个规律称为勒夏特列原理,也称为平衡移动原理。但应当注意的是,此原理只适用于已经达到平衡的反应体系。

目标检测

一、单选题

1. 在可逆反应中,改变下列条件一定能加快反应速率的是( )。

    A. 增大反应物的量　　　　　　　　B. 增大压强

    C. 升高温度　　　　　　　　　　　D. 使用催化剂

2. 达到化学平衡的条件是( )。

    A. 反应物与产物浓度相等　　　　　B. 反应停止产生热

    C. 反应停止　　　　　　　　　　　D. 正向反应速率 = 逆向反应速率

3. 某反应活化能为 80 kJ/mol,当反应温度由 293 K 增加到 303 K 时,则反应速率增加到原来的( )倍。

    A. 2　　　　　　　B. 3　　　　　　　C. 2.5　　　　　　　D. 4

4. 对于反应 $A \Longrightarrow B + C$,加入正催化剂,则( )。

    A. $v_{正}$、$v_{逆}$ 均增大　　　　　　　B. $v_{正}$ 增大,$v_{逆}$ 减小

    C. $v_{正}$、$v_{逆}$ 均减小　　　　　　　D. $v_{正}$ 减小,$v_{逆}$ 增大

5. $A(g) + B(g) \Longrightarrow C(g)$ 为基元反应,该反应的级数为( )。

    A. 一　　　　　　　B. 二　　　　　　　C. 三　　　　　　　D. 零

6. 下列有关活化能的叙述不正确的是( )。

    A. 不同反应具有不同的活化能

    B. 同一条件下同一反应活化能越大,其反应速率越小

    C. 同一反应活化能越小,其反应速率越小

    D. 活化能可以通过实验来测定

7. 对于可逆反应,其正反应平衡常数和逆反应平衡常数之间的关系为( )。

    A. 两者之和等于 1　　　　　　　　B. 相等

    C. 两者之积为 1　　　　　　　　　D. 两者正负号相反

8. 升高温度,反应速率增大的主要原因是( )。

    A. 降低反应的活化能　　　　　　　B. 增加分子间的碰撞频率

    C. 增大活化分子的百分数　　　　　D. 平衡向吸热反应方向移动

9. 催化剂能加速反应,它的作用机理是( )。

    A. 减少速率常数　　　　　　　　　B. 增大平衡常数

    C. 增大碰撞频率　　　　　　　　　D. 改变反应途径,降低活化能

二、判断题

1. 化学反应的活化能越高,反应速率越快。　　　　　　　　　　　　　　( )

2. 在一定温度下,可逆反应达到平衡时,反应物浓度与生成物浓度相等。 （   ）

3. 加入催化剂后,可改变反应活化能,但不能改变平衡转化率。 （   ）

4. 有效碰撞是能够发生化学反应的碰撞。 （   ）

5. 催化剂同等程度地改变正逆反应活化能,因此同等程度地改变正逆反应速率。

（   ）

6. 温度升高,吸热反应速率加快,放热反应速率减慢,平衡向吸热反应方向移动。

（   ）

7. 达到平衡后增大产物浓度,使 $Q > K$,因而平衡向逆反应方向移动。 （   ）

8. 平衡常数 K 取决于反应的本性和温度,与浓度无关。 （   ）

9. 反应的级数取决于化学反应方程式中反应物的化学计量数。 （   ）

10. 在某气体反应平衡体系中引入惰性气体,该反应平衡一定会改变。 （   ）

三、计算题

1. 对于反应 $A(g) + B(g) \longrightarrow C(g)$,若 A 的浓度为原来的 2 倍,反应速率则为原来的 2 倍;若 B 浓度为原来的 2 倍,反应速率也为原来的 4 倍。请写出该反应的速率方程。

2. 反应 $HI(g) + CH_3I(g) \longrightarrow CH_4(g) + I_2(g)$,在 650 K 时反应速率常数是 2.0×10^5,在 670 K 时反应速率常数是 7.0×10^5,计算该反应的活化能 E_a。

项目6   酸碱反应

📖【学习目标】

➤理解:酸碱的概念、盐类水解的应用及影响因素;在 Arrhenius 酸碱电离理论的基础上解释酸碱解离理论。

➤掌握:酸碱反应的本质和有关规律;会计算溶液 pH 值;同离子效应和缓冲溶液的原理及应用。

➤了解:酸碱质子理论和路易斯酸碱电子理论。

✖ 案例导入

2002 年在美国波士顿的一场马拉松比赛中,一位叫辛西娅·卢瑟罗的运动员在赛前和比赛中共喝了 3 L 水,结果她还没跑到终点就突然倒地,头昏、手脚发麻、抽筋,经抢救无效死亡。事后医生检查发现该运动员猝死的原因是体内电解质失衡。

水和电解质是维持生命基本物质的重要组成部分。人体体液主要成分是水,其次是电解质,如 Na^+、K^+、Ca^{2+}、Mg^{2+}、Cl^-、HCO_3^-、HPO_4^{2-}、SO_4^{2-} 等。健康人体血浆阴、阳离子总浓度为 280 ~ 310 mmol/L。细胞外液中主要阳离子是 Na^+,其含量占阳离子总数的 90% 以上,主要阴离子是 Cl^- 和 HCO_3^-;细胞内液主要阳离子是 K^+ 和 Mg^{2+},主要阴离子是 HCO_3^-、HPO_4^{2-}。这些离子平衡维持细胞内外液渗透压、电中性和 pH 稳定性等,维持人体正常生理功能。

正常人体每天水和电解质摄入量和排出量需要保持动态平衡。在炎热天气或剧烈运动后,人体的水分及电解质会随汗液排出体外,造成人体缺水与电解质不平衡。如果人只是单纯大量补充水分而没有补充相关电解质,则会引起电解质代谢紊乱,从而引起全身各器官系统特别是心血管系统、神经系统生理功能和机体物质代谢发生障碍,严重时可导致死亡。因此,人剧烈运动大量出汗后,不仅要及时补充水分,还要及时补充盐分,以维持人体内电解质平衡。

问题:1. 什么是电解质?

　　　2. 电解质解离平衡有哪些规律?

　　无机化学反应大多数是在水溶液中进行的,参与这些反应的物质主要是酸、碱、盐,它们都是电解质,在水溶液中能电离成带电的离子。故无机化学反应大部分是电解质之间的反应,而电解质之间的反应实际上是离子反应。

　　离子反应是指有离子参加的化学反应,可以分为酸碱反应、沉淀反应、配位反应和大部分的氧化还原反应四大类。

任务 6.1　酸碱的解离理论

　　人类对酸、碱的认识过程是漫长的。盐酸、硫酸、硝酸等强酸是炼金术士在 1100—1600 年发现的,但当时人们并不知道酸、碱的组成以及酸碱反应的实质。人类对酸、碱的认识经历了一个由浅入深、由低级到高级的过程。最初,人们根据物质的性质来区分酸和碱,如有酸味,能使蓝色石蕊变成红色的是酸;有涩味、滑腻感,能使红色石蕊变成蓝色的是碱。酸、碱能相互反应,反应后酸、碱便各自消失。后来人们又认为凡是酸的组成中均含有氢元素,它们共同的酸性是由氢元素产生的。然而,许多含氢的化合物并不具有酸性。

　　随着生产和科学的发展以及人们对于酸、碱认识的经验积累,19 世纪末,瑞典科学家阿伦尼乌斯(Arrhenius)从他的电离学说观点出发提出了酸碱解离理论,从而形成了近代的酸碱理论。

6.1.1　酸碱的定义

　　酸碱解离理论认为,在水中能解离出的阳离子全部都是 H^+ 的化合物称作酸;在水中能解离出的阴离子全部都是 OH^- 的化合物称作碱。常见的 HCl、HNO_3、H_2SO_4、CH_3COOH、HF 等都是酸,而 $NaOH$、$Ca(OH)_2$、$Ba(OH)_2$、KOH、$Fe(OH)_2$ 等都是碱。

6.1.2　酸碱反应

　　酸或碱的性质主要是 H^+ 或 OH^- 的性质。酸碱反应的实质就是 H^+ 与 OH^- 化合成 H_2O 的反应,即中和反应。

$$H^+ + OH^- \Longrightarrow H_2O$$

　　除中和反应之外,其他有酸、碱参与的反应均可认为是 H^+ 或 OH^- 参加的反应。例如,酸与活泼金属的反应:

$$2H^+ + Zn \Longrightarrow Zn^{2+} + H_2 \uparrow$$

碱与非金属硅的反应:

$$2OH^- + H_2O + Si \Longrightarrow SiO_3^{2-} + 2H_2 \uparrow$$

6.1.3　酸碱的强度

酸、碱的强度由它们在水溶液中的解离情况决定,一般分为强、中强、弱三类。

例如,HCl、HBr、HI、H_2SO_4、HNO_3 都是强酸;KOH、NaOH、Ba(OH)$_2$ 都是强碱。它们在水溶液中完全解离,属于强电解质。

H_3PO_4、HNO_2、H_2SO_3 等是中强酸;在水溶液中的解离度较强酸要小,仅部分解离。

CH_3COOH(乙酸,又名醋酸,常用符号 HAc 表示)、H_2S(硫化氢)、HCN 等是弱酸;$NH_3 \cdot H_2O$ 是弱碱。它们在水溶液中仅微弱解离,其解离过程是可逆的,属于弱电解质。

酸碱解离理论从物质的化学组成上揭示了酸碱的本质,明确指出 H^+ 是酸的特征,OH^- 是碱的特征。从而揭示了中和反应的实质就是 H^+ 与 OH^- 反应生成 H_2O 的反应。酸碱解离理论很好地解释了酸碱反应的中和热都基本相同的实验事实。在此,酸碱解离理论是人们对酸碱的认识由现象到本质的一次飞跃,对化学科学发展起到了积极的推动作用,直至今日仍然普遍应用。

6.1.4　酸碱的其他理论

阿伦尼乌斯酸碱解离理论虽然有上述的诸多优点,但也有其局限性。①把酸碱仅局限于水溶液和化合物,不包括离子。对非水体系及许多不含 H^+ 或 OH^- 的物质所表现的酸碱性无法解释。②不包括一些本身不含 H^+ 和 OH^- 的物质,如 $NH_3 \cdot H_2O$ 等。因此,解离理论并不完善。

1923 年,布朗斯特(Brϕnsted)和劳莱(Lowry)提出了酸碱质子理论。该理论克服了酸碱解离理论的不足,也同样适用于非水系统和无溶剂系统,大大扩大了酸碱的范围。质子理论认为,凡能给出质子(H^+)的物质都是酸,如 HCl、NH_4^+、HSO_4^- 等;凡能接受质子的物质都是碱,如 Cl^-、NH_3、HSO_4^-、SO_4^{2-} 等。质子理论脱离溶剂从物质的组成来定义,酸碱的概念不只局限于分子,还可以是阴、阳离子。酸给出质子后变成碱,碱接受质子后就生成酸,这种关系称为共轭关系。酸越强,它的共轭碱就越弱;酸越弱,它的共轭碱就越强。根据酸碱质子理论,酸碱在溶液中表现出来的强度,不仅与酸碱本性有关,同时与溶剂的本性也有关,如 HAc 在水中为弱酸,但在液氨中为较强的酸。要比较各种酸碱的强度,必须选定同一种溶剂,水是最常用的溶剂。酸碱在水溶液中表现出来的相对强度可用解离常数来表示。而酸碱的反应实质就是两个共轭酸碱对之间质子传递的反应。质子理论没有盐的概念,解离理论中的盐在质子理论中都是离子酸或碱。如 NH_4Cl 中 NH_4^+ 是酸,Cl^- 是碱。酸碱的关系可以总结为一句话,即酸中有碱、碱可变酸、知酸便知碱、知碱便知酸。

酸碱质子理论扩大了酸碱的含义和酸碱反应的范围,摆脱了酸碱必须在水中发生反应的局限性,解释了一些非水溶剂或气体间的酸碱反应,并把水溶液中进行的各种离子反应系统地归纳为质子传递的酸碱反应。但是质子理论只局限于质子的接受和释放,对于不含氢的化合物的反应,就不能给予解释。因此,美国化学家路易斯(Lewis)提出了酸碱电子理论,它可用来解释这类反应。

路易斯酸碱电子理论:凡能接受外来电子对的分子、基团或离子为酸,即路易斯酸;凡能提供电子对的分子、基团或离子为碱,即路易斯碱。酸碱反应其实质是形成配位键产生酸碱加合物。如:路易斯酸 + 路易斯碱 = 酸碱加合物。质子论只是电子论的一种特例(由 H 来接受外来电子对),能作为路易斯酸的可以是原子、金属离子和中性分子等,这称为广义酸碱理论。路易斯酸碱电子理论没有统一的标准来确定酸碱的相对强弱,这是其不足之处。

任务 6.2　水溶液中酸或碱的解离平衡

强酸、强碱在水溶液中是完全解离的。弱酸、弱碱则是部分解离的,其解离过程是可逆的,存在着分子与已解离的离子间的解离平衡。

6.2.1　水的离子积和溶液的 pH

水是重要的溶剂,本项目所讨论的离子平衡都是在水溶液中建立的。纯水有微弱的导电能力,这说明 H_2O 能够解离,其解离过程可表示为

$$H_2O + H_2O \rightleftharpoons H_3O^+ + OH^-$$

亦可简化为

$$H_2O \rightleftharpoons H^+ + OH^-$$

从纯水的导电实验测得在 295 K 时,1 L 纯水中仅有 1×10^{-7} mol 水分子解离,所以 $c(H^+) = 1 \times 10^{-7}$ mol/L,$c(OH^-) = 1 \times 10^{-7}$ mol/L。

$$[H^+] = \frac{c(H^+)}{c^\ominus}, [OH^-] = \frac{c(OH^-)}{c^\ominus}$$

故根据平衡原理有 $K^\ominus = K_w^\ominus = [H^+][OH^-] = 1.0 \times 10^{-14}$。

$K_w^\ominus$ 称为水的离子积常数,简称水的离子积。$K_w^\ominus$ 的意义是,一定温度时,水溶液中 $[H^+]$ 和 $[OH^-]$ 之积为一常数。水的解离是吸热反应,温度升高,平衡向吸热的方向移动,$K_w^\ominus$ 增大,但常温时一般可以认为 $K_w^\ominus = 1.0 \times 10^{-14}$。表 6.1 列举了不同温度下水的离子积常数。

表 6.1　不同温度下水的离子积常数

$T/℃$	0	10	20	25	40	50	90	100
$K_w^\ominus/(\times 10^{-14})$	0.113 8	0.291 7	0.680 8	1.009	2.917	6.470	38.02	56.95

$K_w^\ominus$ 反映了水溶液中 H^+ 浓度和 OH^- 浓度间的相互制约关系。这是一个非常重要的关系,它说明只要是水溶液,不管加入何种物质,也不管加入多少,溶液中总是存在 H^+ 和

OH^-,且$[H^+]$和$[OH^-]$之积一定是$K_w^{\ominus}$。亦即已知H^+浓度就可以算出OH^-浓度;反之,亦然。

例6.1 纯水中加入盐酸,使其浓度为0.10 mol/L。求该溶液的OH^-浓度。

解 因为

$$K_w^{\ominus} = [H^+][OH^-] = 1.0 \times 10^{-14}$$

所以$[OH^-] = \dfrac{1.0 \times 10^{-14}}{0.10} = 1.0 \times 10^{-13}$

即 $c(OH^-) = 1.0 \times 10^{-13}$ mol/L

例6.2 计算0.05 mol/L HCl 的 pH 和 pOH。

解 盐酸为强酸,在溶液中全部解离为H^+和Cl^-

$c(H^+) = 0.05$ mol/L

$pH = -lg[H^+] = -lg\ 0.05 \approx 1.3$

$pOH = 14 - pH = 12.7$

6.2.2 解离理论中的常数

1)解离常数

弱酸、弱碱在溶液中部分解离,其解离过程可逆,在已解离的离子和未解离的分子间存在着解离平衡,反应的方向和程度可用化学平衡的一般原理解决。以 HA 表示一元弱酸,解离平衡式为:

$$HA \rightleftharpoons H^+ + A^-$$

其解离常数表示为:$K_a^{\ominus} = \dfrac{[H^-][A^-]}{[HA]}$

BOH 表示一元弱碱,解离平衡式为:

$$BOH \rightleftharpoons B^+ + OH^-$$

其解离常数表示为:$K_b^{\ominus} = \dfrac{[B^+][OH^-]}{[BOH]}$

$K_a^{\ominus}$ 称为酸的解离平衡常数,$K_b^{\ominus}$ 称为碱的解离平衡常数,其中 a 是英文 acid(酸)的缩写,b 是英文(base)碱的缩写,对具体酸或碱的解离常数,在后面可直接注明其化学式,如 $K_a^{\ominus}$(HAC)。它们是化学平衡常数的一种形式,根据其大小,可以判断弱电解质解离的趋势,$K^{\ominus}$ 值越大,解离程度越大。同其他平衡常数一样,解离常数与温度有关,与浓度无关。但温度对解离常数的影响不太大,在室温下可不予考虑。表6.2 中列出了常见弱酸的解离常数。

表 6.2　常见弱酸的解离常数(298 K)

酸	$K_a^\ominus$	$pK_a^\ominus$	酸	$K_a^\ominus$	$pK_a^\ominus$
HIO_3	1.7×10^{-1}	0.77	HSO_3^-	6.31×10^{-8}	7.20
$H_2C_2O_4$	6.62×10^{-2}	1.25	$H_2PO_4^-$	6.17×10^{-8}	7.12
H_2SO_3	1.4×10^{-2}	1.86	H_2S	9.1×10^{-8}	7.04
HSO_4^-	1.02×10^{-2}	1.99	$HClO$	3.98×10^{-8}	7.40
H_3PO_4	6.92×10^{-3}	2.16	NH_4^+	6.62×10^{-10}	9.25
HNO_2	6.62×10^{-4}	3.26	HCN	6.17×10^{-10}	9.21
HF	6.31×10^{-4}	3.20	HCO_3^-	6.68×10^{-11}	10.33
$HC_2O_4^-$	1.55×10^{-4}	3.81	HPO_4^-	6.79×10^{-13}	12.32
HAc	1.75×10^{-5}	6.76	HS^-	1.1×10^{-12}	11.96

2)解离度

对于弱电解质,还可以用解离度(a)表示其解离的程度。解离度是指解离平衡时弱电解质的解离百分率,即

$$a = \frac{已解离的分子数}{解离前的分子总数} \times 100\%$$

在温度、浓度相同的条件下,解离度大,表示该弱电解质相对较强。解离度与解离常数不同,在一定条件下,解离度随着弱电解质的浓度而变化,故在表示解离度时必须指出酸或碱的浓度。解离度实际上就是转化率的一种表示形式。经推导,解离度与解离常数及弱电解质浓度之间的定量关系如下:

$$a = \sqrt{\frac{K_a^\ominus}{c}}$$

该式表明,弱电解质浓度越小,解离度越大(即稀释定律)。

6.2.3　一元弱酸、弱碱的解离平衡

对于弱酸、弱碱来说,应用解离平衡理论,可以求出 H^+ 或 OH^- 的浓度以及解离度、pH。下面分别针对一元弱酸、弱碱举实例说明。

例 6.3　试计算 25 ℃时,0.10 mol/L 乙酸溶液的 H^+ 和解离度 a。

解　查表,25 ℃时乙酸的解离常数 $K_a^\ominus = 1.75 \times 10^{-5}$,在乙酸的水溶液中存在如下两个解离平衡:

$$H_2O \rightleftharpoons H^+ + OH^-$$

$$HAc \Longrightarrow H^+ + Ac^-$$

H^+ 有两个来源,一是来自水溶液中的水,二是来自酸。一般,酸解离出来的 H^+ 远远大于水中解离出来的浓度,故水的解离可以忽略,即溶液中 $c(H^+) \approx c(Ac^-)$。

设 $c(H^+) = x$ mol/L

$$HAc \Longrightarrow H^+ + Ac^-$$

起始浓度/$(mol \cdot L^{-1})$ 0.10   0   0

平衡浓度/$(mol \cdot L^{-1})$ $0.10 - x$ x x

$$K_a^\ominus = \frac{[H^+][Ac^-]}{[HAc]} = \frac{x^2}{0.10 - x}$$

一般,$c_{酸}/K_a^\ominus \geqslant 500$ 时,$c_{酸} \gg x$ mol/L,可近似认为 $0.10 - x \approx 0.10$,所以,$x^2 = 0.10 \times K_a^\ominus = 1.75 \times 10^{-5}$。

$$c(H^+) = \sqrt{0.10 \times 1.75 \times 10^{-5}} \approx 1.32 \times 10^{-3} mol/L$$

$$a = \frac{c(H^+)}{c_{酸}} = \frac{1.32 \times 10^{-3}}{0.10} \times 100\% = 1.32\%$$

将上述公式推广到一般形式,对浓度为 $c_{酸}$ 的一元弱酸,有

$$a = \sqrt{\frac{K_a^\ominus}{c_{酸}}}$$

$$c(H^+) = \sqrt{K_a^\ominus \times c_{酸}}$$

$$c(OH^-) = \sqrt{K_b^\ominus \times c_{碱}}$$

6.2.4 多元弱酸的解离平衡

无机酸中许多弱酸都是多元酸,如 H_2SO_4、H_2S、H_3PO_4 等,多元酸在水溶液中是分步解离的,以 H_2S 为例:

第一步解离:

$$H_2S \Longrightarrow H^+ HS^-$$

$$K_1^\ominus = \frac{[H^+][HS^-]}{[H_2S]} = 9.1 \times 10^{-8}$$

第二步解离

$$HS^- \Longrightarrow H^+ + S^{2-}$$

$$K_2^\ominus = \frac{[H^+][S^{2-}]}{[HS^-]} = 1.1 \times 10^{-12}$$

根据多重平衡原则,总的过程为:

$$H_2S \Longrightarrow 2H^+ + S^{2-}$$

$$K^\ominus = \frac{[H^+]^2[S^{2-}]}{[H_2S]} = K_1^\ominus K_2^\ominus = 1.0 \times 10^{-10}$$

例 6.4 室温下,饱和 H_2S 水溶液中,$c(H_2S) = 0.1$ mol/L,求该溶液的 $c(H^+)$、$c(HS^-)$、$c(S^{2-})$。

解 H^+ 主要是第一级解离,第二级解离可忽略,即 $c(H^+) \approx c(HS^-)$,设 $c(H^+) = x$ mol/L。查表,25 ℃,H_2S 的一级解离常数 $K_1^\ominus = \dfrac{[H^+][HS^-]}{[H_2S]} = 9.1 \times 10^{-8}$

$$H_2S \rightleftharpoons 2H^+ + S^{2-}$$

起始浓度/$(mol \cdot L^{-1})$ 0.1   0   0

平衡浓度/$(mol \cdot L^{-1})$ $0.1 - x$ x x

第一步解离:

$$H_2S \rightleftharpoons H^+ + HS^-$$

$$K_1^\ominus = \frac{[H^+][HS^-]}{[H_2S]} = \frac{x^2}{0.10 - x} = 9.1 \times 10^{-8}$$

$$x \approx 9.54 \times 10^{-5} \text{mol/L}$$

$$c(H^+) \approx c(HS^-) = 9.54 \times 10^{-5} \text{mol/L}$$

第二步解离:

$$HS^- \rightleftharpoons H^+ + S^{2-}$$

$$K_2^\ominus = \frac{[H^+][S^{2-}]}{[HS^-]} = 1.1 \times 10^{-12}$$

由于第二步解离非常小,所以近似处理 $c(H^+) \approx c(HS^-)$

$$c(S^{2-}) \approx K_2^\ominus = 1.1 \times 10^{-12} \text{mol/L}$$

任务 6.3   同离子效应和缓冲溶液

6.3.1   同离子效应

根据化学平衡的原理,弱电解质的解离平衡也遵循平衡移动的规律。当改变平衡离子浓度时,必然会引起解离平衡的移动。弱电解质 HAC 存在解离平衡:

$$NaAc \rightleftharpoons Na^+ + Ac^-$$

若在此平衡系统中加入 NaAc,由于它是易溶强电解质,在溶液中溶解度大且能全部解离,因此溶液中的 Ac^- 浓度大为增加,使 HAc 的解离平衡向左移动。结果,H^+ 浓度减小,HAc 的解离度降低;若在平衡系统中加入强酸 HCl,则 H^+ 浓度增加,平衡也向左移动。此时,Ac^- 浓度减小,HAc 的解离度降低。同样,在弱碱溶液中加入含有相同离子的易溶强电解质(盐类或强碱)时,也会使弱碱的解离平衡向左移动,降低弱碱的解离度。这种在弱电解质的溶液中,加入含有相同离子的易溶强电解质,使弱电解质解离度降低的现象叫作同离子效应。

例6.5 在0.1 mol/L HAc溶液中加入少量NaAc,使Ac^-其浓度为0.1 mol/L,求该溶液的H^+浓度和解离度a。

解 忽略水电离产生的H^+,设$c(H^+) = x$ mol/L,由于同离子效应,HAc的解离度很小,可作近似处理。

$$HAc \rightleftharpoons H^+ + Ac^-$$

起始浓度/$(mol \cdot L^{-1})$ 0.10   0   0.10

平衡浓度/$(mol \cdot L^{-1})$ 0.10 − x   x   0.10 + x

$$K_a^{\ominus} = \frac{[H^+][Ac^-]}{[HAc]} = \frac{0.10 \times [H^+]}{0.10} = 1.75 \times 10^{-5}$$

解得

$$c(H^+) = 1.75 \times 10^{-5} mol/L$$

$$a = \frac{c(H^+)}{c_{酸}} = \frac{1.75 \times 10^{-5}}{0.10} \times 100\% = 0.017\ 5\%$$

由例6.5可以看到,加入NaAc后,HAc的解离度大大降低。

由例6.5的计算可以推出,有共同离子存在时,一元弱酸溶液中$c(H^+)$的计算公式推导过程如下:

设酸(HA)的浓度为$c_{酸}$,盐(A^-)的浓度为$c_{盐}$

$$HA \rightleftharpoons H^+ + A^-$$

起始浓度 $c_{酸}$ 0 $c_{盐}$

平衡浓度 $c_{酸} - x$ x $c_{盐} + x$

         $\approx c_{酸}$ $\approx c_{盐}$

代入平衡公式可得,$K_a^{\ominus} = \dfrac{[H^+][Ac^-]}{[HAc]} = \dfrac{xc_{盐}}{c_{酸}}$

即

$$c(H^+) = x = K_a^{\ominus} \frac{c_{盐}}{c_{酸}}$$

同理可得:$c(OH^-) = K_b^{\ominus} \dfrac{c_{碱}}{c_{盐}}$

6.3.2 缓冲溶液

大多数化学反应(有机化学、生物化学及化工生产中)需要在一定的pH范围内进行,为了保证系统在整个反应过程中的pH基本不变化,可借助缓冲溶液达到目的。缓冲溶液是指能够抵御外加酸碱或适度稀释，而保持溶液本身 pH 不发生显著变化的溶液。缓冲溶液的这种作用就叫缓冲作用。表6.3 可以说明缓冲溶液的作用。

表6.3　缓冲溶液的作用

组别	溶液组成	A：加入1.0 mol/L HCl 溶液	B：加入 1.0 mL 1.0 mol/L NaOH 溶液
1组	1.0 L 纯水	pH 从 7.0 变成 3.0，改变 4 个单位	pH 从 7.0 变成 11.0，改变 4 个单位
2组	1.0 L 溶液中含 0.1 mol HAc 和 0.1 mol NaAc	pH 从 6.76 变成 6.75，改变 0.01 个单位	pH 从 6.76 变成 6.77，改变 0.01 个单位
3组	1.0 L 溶液中含 0.1 mol NH₃ 和 0.1 mol NH₄Cl	pH 从 9.26 变成 9.25，改变 0.01 个单位	pH 从 9.26 变成 9.27，改变 0.01 个单位

表6.3 说明，向纯水中加入少量的酸或碱，其 pH 发生显著的变化；而由 HAc 和 NaAc 或者 NH$_4$Cl 组成的混合溶液，当向其加入纯水或加入少量的酸或碱时，其 pH 改变很小。缓冲溶液通常由弱酸或弱碱及其盐所组成，是一个具有同离子效应的体系。具有共轭酸碱对的物质都可以组成缓冲溶液。

酸 $\rightleftharpoons$ H$^+$ + 碱

如：HAc-NaAc

HAc $\rightleftharpoons$ H$^+$ + Ac$^-$

缓冲作用的原理可用 HAc-NaAc 的混合溶液来说明。

HAc $\rightleftharpoons$ H$^+$ + Ac$^-$

NaAc $\rightleftharpoons$ Na$^+$ + Ac$^-$

由于 NaAc 完全解离，所以溶液中存在着大量的 Ac$^-$。弱酸 HAc 只有较少部分离解，加上由 NaAc 解离出的大量 Ac$^-$ 产生的同离子效应，使 HAc 的解离度变得更小，因此溶液中除了有大量的 Ac$^-$ 外，还存在大量 HAc 分子。当向此混合溶液中加入少量强酸时，溶液中大量的 Ac$^-$ 将与加入的 H$^+$ 结合生成难解离的 HAc 分子，以致溶液的 H$^+$ 浓度几乎不变。当加入少量强碱时，由于溶液中的 H$^+$ 将与 OH$^-$ 结合并生成 H$_2$O，使 HAc 的解离平衡向右移动，继续解离出的 H$^+$ 仍与 OH$^-$ 结合，致使溶液中的 OH$^-$ 浓度也几乎不变，因而 HAc 分子在这里起了抗碱的作用。由此可见，缓冲溶液同时具有抵抗外来少量酸或碱的作用，其抗酸、抗碱作用是由缓冲对的不同部分来承担的。

各种缓冲溶液的缓冲能力与弱酸（弱碱）及其盐的浓度有关。以弱酸为例，弱酸及其盐的浓度越大，外加酸、碱后，c(酸) 与 c(盐) 的改变越小，pH 变化越小。通常 c(酸) 与 c(盐) 的比值在 0.1～10 的范围内，比值过大或过小，都将降低缓冲能力，在比值接近于 1 时缓冲能力最大。也就是说各种缓冲溶液只能在一定范围内发挥作用($pK_a^\ominus \pm 1$)。如：HAc-NaAc 缓冲溶液的作用范围一般为 pH = 6.76 ± 1。

例 6.6　设缓冲溶液的组成是 1.0 mol/L 的 NH_3 和 1.0 mol/L 的 NH_4Cl,试计算:

(1)缓冲溶液的 pH;

(2)比较将 1.0 mL、1.0 mol/L NaOH 加入到 50 mL 缓冲溶液中引起的 pH 变化,与将 1.0 mL、1.0mol/L NaOH 加入到 50 mL 纯水中引起的 pH 变化。

解　(1)$NH_3 \cdot H_2O$ 的 $K_b^\ominus = 1.78 \times 10^{-5}$

$$c(OH^-) = K_b^\ominus \frac{c_{碱}}{c_{盐}} = 1.78 \times 10^{-5} \text{mol/L}$$

$$pOH = -\lg(1.78 \times 10^{-5}) \approx 4.75$$

$$pH = 14 - pOH = 14 - 4.75 = 9.25$$

(2)50 mL 溶液中含 NH_3 和 NH_4^+ 各为 0.050 mol

①加入 1.0 mL、1.0 mol/L NaOH,相当于加入 0.001 mol OH^-,将消耗 0.001 mol NH_4^+,相应生成 0.001 mol NH_3,即

$$NH_3 \cdot H_2O \Longrightarrow NH_4^+ + OH^-$$

物质的量/mol　　　　　　　　　　0.050 + 0.001　　0.050 - 0.001

液体总体积变为 51 mL,即 0.051 L,则 $c(NH_3)$ 和 $c(NH_4^+)$ 变为:

$$c(NH_3) = 0.051 \div 0.051 = 1.0 \text{ mol/L}$$

$$c(NH_4^+) = 0.049 \div 0.051 \approx 0.96 \text{ mol/L}$$

$$c(OH^-) = 1.78 \times 10^{-5} \times \frac{1.0}{0.96} \approx 1.85 \times 10^{-5} \text{mol/L}$$

$$pOH = -\lg(1.85 \times 10^{-5}) \approx 4.73$$

$$pH = 14 - pOH = 14 - 4.73 = 9.27$$

②加入 1.0 mL、1.0mol/L NaOH 到 50 mL 纯水中,$c(OH^-)$ 为:

$$c(OH^-) = \frac{0.001}{0.051} = 2.0 \times 10^{-2} \text{mol/L}$$

$$pOH = -\lg(2.0 \times 10^{-2}) \approx 1.7$$

$$pH = 14 - pOH = 14 - 1.7 = 12.3$$

任务 6.4　盐类的水解

盐大多为强电解质,在水中完全解离。某些盐溶于水后显酸性或碱性,但其本身组成并不一定含 H^+ 或 OH^-,原因在于这些盐类的阴离子或阳离子和水解离出来的 H^+ 或 OH^- 结合并生成了弱电解质,破坏了水的解离平衡,导致 H^+ 或 OH^- 的浓度不相等,进而表现出酸性或碱性。这种盐的离子与溶液中水解离出的 H^+ 或 OH^- 作用生成弱酸或弱碱的反应,

称为盐的水解。

实际上，水解反应是中和反应的逆反应，并且这种中和反应中的酸或碱至少有一种是弱电解质。不同的盐，其水溶液的酸碱性不一样。这与盐的类型相关。强酸强碱盐在水中完全解离产生的阴阳离子不与水发生结合，故这种盐不水解，其溶液为中性。下面分别介绍弱酸强碱盐、弱碱强酸盐和弱酸弱碱盐的水解。

6.4.1 弱酸强碱盐

常见的弱酸强碱盐有 NaAc、KCN、NaClO 等。以 NaAc 为例，其水解反应方程式为

$$H_2O \rightleftharpoons H^+ + OH^-$$

$$K_w = [H^+][OH^-]$$

$$H^+ + Ac^- \rightleftharpoons HAc$$

$$\frac{1}{K_a^\ominus} = \frac{[HAc]}{[Ac^-][H^+]}$$

总的反应式即水解方程式为

$$H_2O + Ac^- \rightleftharpoons HAc + OH^-$$

令水解平衡常数为 $K_h^\ominus$，根据多重平衡规则有

$$K_h^\ominus = \frac{K_w^\ominus}{K_a^\ominus} = \frac{1.0 \times 10^{-14}}{1.74 \times 10^{-5}} = 5.75 \times 10^{-10} = \frac{[HAc][OH^-]}{[Ac^-]}$$

由此可见，酸越弱，$K_h^\ominus$ 越大，也就是说该弱酸与强碱生成的盐的水解程度越大。

通常，我们用 h 表示水解度，$h = \dfrac{已水解了的浓度}{盐的初始浓度} \times 100\%$

例 6.7 计算 0.1 mol/L NaAc 溶液的 pH 和 h。

解 ①已知 HAc 的解离常数 $K_a^\ominus = 1.74 \times 10^{-5}$，NaAc 为弱酸强碱盐，水解反应方程式为

$$H_2O + \quad Ac^- \quad \rightleftharpoons HAc + OH^-$$

起始浓度 $\quad\quad\quad\quad$ 0.10 $\quad\quad$ 0 $\quad\quad$ 0

平衡浓度 $\quad\quad\quad\quad$ 0.10 - x $\quad$ x $\quad\quad$ x

忽略水的电离，可认为 $x = [OH^-] = [HAc]$，由于 $K_h^\ominus$ 很小，可近似认为 $0.10 - x \approx 0.10$，

$$[Ac^-] \approx c_{盐}$$

$$K_h^\ominus = \frac{[HAc][OH^-]}{[Ac^-]} = \frac{x^2}{0.10 - x} = \frac{x}{0.10}$$

即 $\quad [OH^-] = x = \sqrt{0.10 \times K_h^\ominus} = \sqrt{0.10 \times \dfrac{1.0 \times 10^{-14}}{1.74 \times 10^{-5}}} \approx 7.6 \times 10^{-6}$

$$pOH = -\lg(7.6 \times 10^{-6}) \approx 5.12$$

$$pH = 14 - pOH = 8.88$$

②$h = \dfrac{已水解的浓度}{盐的初始浓度} \times 100\% = \dfrac{c(OH^-)}{c_{盐}} \times 100\% = \dfrac{7.6 \times 10^{-6}}{0.10} \times 100\% = 0.007\ 6\%$

由上述计算可知,对一般一元弱酸强碱盐溶液,可以推出近似的计算公式:

$$K_h^{\ominus} = \dfrac{K_w^{\ominus}}{K_a^{\ominus}}$$

$$[OH^-] = \sqrt{K_h^{\ominus} c_{盐}}$$

弱酸强碱盐溶液一般呈碱性,碱性的大小与盐浓度及酸的强弱有关。

6.4.2　弱碱强酸盐

NH_4Cl 为弱碱强酸盐,NH_4^+ 可部分地与水解离出的 OH^- 作用生成 H_2O。水解平衡为

$$NH_4^+ + H_2O \Longrightarrow NH_3 \cdot H_2O + H^+$$

该水解平衡亦是由水的解离平衡和弱碱的解离平衡组成的,用同样的方法可以推导出:

$$K_h^{\ominus} = \dfrac{K_w^{\ominus}}{K_b^{\ominus}}$$

$$[H^+] = \sqrt{K_h^{\ominus} c_{盐}}$$

弱碱强酸盐溶液一般呈酸性,碱性的大小与盐浓度及碱的强弱有关。

6.4.3　弱碱弱酸盐

弱酸和弱碱组成的盐,阴离子和阳离子都能发生水解。常见的如 NH_4Ac,其水解反应为

$$H_2O + Ac^- \Longrightarrow HAc + OH^-$$

$$NH_4^+ + H_2O \Longrightarrow NH_3 \cdot H_2O + H^+$$

整个溶液体系中存在弱酸、弱碱、水三个解离平衡,水解反应是这三个平衡的总结果:

$$Ac^- + NH_4^+ + H_2O \Longrightarrow NH_3 \cdot H_2O + HAc$$

同理,根据多重平衡规则有

$$K_h^{\ominus} = \dfrac{K_w^{\ominus}}{K_b^{\ominus} K_a^{\ominus}}$$

由上式可知,弱酸弱碱盐的水解程度通常比较大,因为分母的常数均比较小。弱酸弱碱盐溶液的酸碱性取决于两个常数,即 $K_a^{\ominus}$、$K_b^{\ominus}$ 的相对大小:

当 $K_a^{\ominus} > K_b^{\ominus}$ 时,$[H^+] > 10^{-7}$,溶液为酸性;

当 $K_a^{\ominus} < K_b^{\ominus}$ 时,$[H^+] < 10^{-7}$,溶液为碱性;

当 $K_a^\Theta = K_b^\Theta$ 时，$[H^+] = 10^{-7}$，溶液为中性。

虽然弱酸弱碱盐水解的程度往往比较大，但无论所生成的弱酸、弱碱的相对强弱如何，溶液的酸、碱性总是比较弱的。不能简单地认为水解的程度越大，溶液的酸性或碱性越强。

6.4.4 影响盐类水解的因素

盐类水解程度的大小，首先取决于盐中参与水解的离子性质，水解离子对 H^+ 或 OH^- 的亲和性越强，水解程度越大。这种倾向可由水解平衡常数来衡量。另外，外部因素如盐的浓度、温度、酸度等均对水解有影响，分别讨论如下。

1）盐浓度对水解的影响

由例 6.7 可知，对弱酸强碱盐溶液，$[OH^-] = \sqrt{K_h^\Theta c_{盐}}$

则水解度

$$h = \frac{c(OH^-)}{c_{盐}} = \sqrt{\frac{K_h^\Theta}{c_{盐}}}$$

说明盐的水解度 h 与盐的浓度 $c_{盐}$ 的平方根成反比。也就是说，盐的浓度越大，水解度就越大。

2）温度对水解的影响

由于盐的水解反应实际上是酸碱中和反应的逆反应，而中和反应是放热反应，故盐的水解反应是吸热反应。根据化学平衡原理，升高温度，平衡会向水解度增大的方向移动。因此，在工业生产和实验室中，也经常用加热的方法使水解进行得更为完全。

3）酸度对水解的影响

盐类水解必然会引起原来溶液酸碱度的变化，那么根据平衡移动原理，调节溶液的酸碱度，也能促进或抑制盐的水解。如配制 KCN 溶液时，需加入适量的碱，使平衡移动，抑制 CN^- 的水解，水解反应如下：

$$H_2O + CN^- \rightleftharpoons HCN + OH^-$$

由于 HCN 具有挥发性且有剧毒，所以必须抑制其生成。在实验室配制一些试剂如氯化亚锡及 Fe^{2+}、Al^{3+}、Zn^{2+}、Cu^{2+} 等易水解的盐类的过程中，通常加入一定浓度的相应酸，保持溶液有足够的酸度，以免它们在水中发生水解而产生沉淀，使产品不纯。

 目标检测

一、简答题

1. 解释解离常数与解离度的概念，并说明温度或浓度对它们的影响。

2. 通过计算比较说明 0.05 mol/L HCl 与 0.05 mol/L HCN 溶液的 pH 是否相等。

3. 按盐水解为酸性、中性、碱性将下列盐分类。

$KCN; NaNO_3; FeCl_3; NH_4NO_3; Al_2(SO_4)_3; CuSO_4; NH_4Ac; Na_2CO_3; NaHCO_3$

4. 分别计算两性物质 $HCOONH_4$ 溶液和 $NaHCO_3$ 溶液的 pH,并解释为何前者呈弱酸性,而后者呈弱碱性。

5. 回答下列问题。

(1)为什么配制 $FeCl_3$ 溶液不用蒸馏水而要用盐酸溶液?

(2)为什么 Al_2S_3 不能在水溶液中存在?

(3)为什么 $Al_2(SO_4)_3$ 和 Na_2CO_3 溶液混合后会立即产生 CO_2 气体?

二、计算题

1. 完成下列计算。

(1)把下列 H^+ 浓度换算成 pH: $c(H^+) = 1.8 \times 10^{-3}$ mol/L; $c(H^+) = 2.5 \times 10^{-5}$ mol/L; $c(H^+) = 6.8 \times 10^{-8}$ mol/L; $c(H^+) = 2.0 \times 10^{-12}$ mol/L。

(2)把下列 pH 换算成 H^+ 浓度: pH = 0; pH = 0.54; pH = 6.62; pH = 12.8。

2. 计算:

(1)pH = 1.00 与 pH = 3.00 的 HCl 溶液等体积混合后溶液的 pH;

(2)pH = 2.00 的 HCl 溶液与 pH = 13.00 的 NaOH 溶液等体积混合后溶液的 pH。

3. 已知 25 ℃时某一元弱酸 0.010 mol/L 溶液的 pH 为 6.00,求该酸的解离常数 $K_a^\ominus$ 和解离度 a。

4. 要配制 250 mL pH 为 6.00 的缓冲溶液,则需在 125 mL 1.0 mol/L NaAc 溶液中加入多少毫升 6.0 mol/L 的 HAc 溶液?

项目7 氧化还原反应

【学习目标】

➤ 掌握:氧化数的概念;电极电势及影响因素;氧化还原半反应和氧化还原电对。

➤ 熟悉:原电池的组成和符号。

➤ 了解:电极电势的应用。

➤ 理解:配平氧化还原反应方程式;利用电极电势判断氧化剂和还原剂的强弱,判断氧化还原反应的方向。

案例导入

注射液药物在长时间的贮存过程中会缓慢发生降解反应,产生新的降解物质,影响主药发挥治疗作用,甚至增加不良反应概率。因此一些注射液药物在生产过程中,常加入亚硫酸钠、硫代硫酸钠或亚硫酸氢钠等作稳定剂。如在维生素C注射液和葡萄糖注射液中常加入亚硫酸氢钠。

问题:1. 加入这些稳定剂目的是什么?

2. 稳定剂为什么能起到稳定作用?

化学反应可分为氧化还原反应和非氧化还原反应两类。氧化还原反应是一类涉及电子得失或共用电子对偏移的反应,它与生命活动和医药、卫生等领域关系十分密切。在药物研制与药理研究方面,从中间体的制备到目标药物的合成,从作用机理到药物配伍的探索,都有氧化还原反应的应用。

任务 7.1 氧化还原反应的基本概念和配平

人们最初把一种物质同氧结合的反应称为氧化;把含氧的物质失去氧的反应称为还原。随着对化学反应的深入研究,人们认识到还原反应实质上是得到电子的过程,氧化反应是失去电子的过程;氧化与还原必然是同时发生的,而且得失电子数目相等。总之,这样一类有电子转移(电子得失或共用电子对偏移)的反应,被称为氧化还原反应。

例如:

$$Cu^{2+}(aq) + Zn(s) \longrightarrow Zn^{2+}(aq) + Cu(s) \quad \text{电子得失}$$
$$H_2(g) + Cl_2(g) \longrightarrow HCl(g) \quad \text{共用电子对偏移}$$
$$CH_3CHO + O_2(g) \longrightarrow CH_3COOH \quad \text{共用电子对偏移}$$

氧化还原反应的基本特征是反应前、后元素的氧化数发生了改变。

7.1.1 氧化数

按有无电子转移(得失或偏移)来判断一个化学反应是否属于氧化还原反应,有时会比较困难。因为对于一些组成复杂的化合物,它们的电子结构式不易给出,因而很难确定反应中是否有电子的转移。为此人们引入了氧化数(氧化值)的概念,用来表示各元素在化合物中所处的化合状态。

1970年,国际纯粹和应用化学联合会(IUPAC)确定:氧化数是指某元素一个原子的形式荷电数,这个荷电数可由假设把每个键中电子指定给电负性较大的原子而求得。根据此定义,人们总结出如下确定氧化数的规则:

(1)在单质中,元素氧化数为零。

(2)中性分子中各元素氧化数代数和为零。

(3)单原子离子中元素氧化数等于离子所带电荷数,复杂离子中各元素氧化数代数和等于离子电荷数。

(4)在化合物中,氢元素氧化数为 +1,氧元素氧化数为 -2;在活泼金属氢化物中,氢元素氧化数为 -1;在过氧化物中,氧元素氧化数为 -1。

根据上述规则,能简便地求得化合物中任一元素的氧化数。

例 7.1 计算重铬酸钾($K_2Cr_2O_7$)中铬的氧化数和 Fe_3O_4 中铁的氧化数。

解 设 $K_2Cr_2O_7$ 中 Cr 的氧化数为 x_1,Fe_3O_4 中铁的氧化数为 x_2,根据氧化数规则有:

$$2 \times 1 + 2x_1 + 7 \times (-2) = 0, \quad x_1 = +6$$
$$3x_2 + 4 \times (-2) = 0, \quad x_2 = +\frac{8}{3}$$

在很多化合物中,元素氧化数与化合价往往数值相同,但在一些共价化合物中,两者有时并不一致。如在 CH_4、CH_3Cl、CH_2Cl_2、$CHCl_3$ 和 CCl_4 中,碳的氧化数分别为 -4、-2、0、+2、+4,而碳的化合价都为 4。化合价是指元素在化合态时原子的个数比,只能是整数;氧化数是元素一个原子的形式荷电数,可以是整数,也可以是分数。因此,氧化数与化合价虽然有一定关系,但它们是两个不同的概念。

7.1.2 氧化还原反应的基本概念

1）氧化剂、还原剂以及氧化还原反应的特征

元素氧化数有变化的反应称为氧化还原反应。元素氧化数升高的过程称为氧化反应,氧化数升高的物质称为还原剂;元素氧化数降低的过程称为还原反应,氧化数降低的物质称为氧化剂。在一个氧化还原反应中,氧化与还原这两个相反的过程总是同时发生的,且氧化剂氧化数降低总数等于还原剂氧化数升高总数。

氧化还原反应的本质是电子得失或偏移,即电子转移。从这个角度看,氧化反应是物质失去电子的反应,还原反应是物质得到电子的反应;失去电子的物质称为还原剂,得到电子的物质称为氧化剂。如:

$$2KMnO_4 + 5H_2O_2 + 3H_2SO_4 = 2MnSO_4 + K_2SO_4 + 5O_2 \uparrow + 8H_2O$$

其中,氧化剂为 $KMnO_4$,还原剂为 H_2O_2,还原产物为 $MnSO_4$,氧化产物为 O_2。

在上述反应中,$KMnO_4$ 是氧化剂,Mn 的氧化数从 $+7$ 降到 $+2$,使得 H_2O_2 被氧化,而它本身被还原;H_2O_2 是还原剂,O 的氧化数从 -1 升到 0,使 $KMnO_4$ 被还原,而它本身被氧化。虽然 H_2SO_4 也参加了反应,但没有氧化数变化,通常把这类物质称为介质。

多数氧化还原反应的氧化剂和还原剂是两种不同的物质。也有氧化还原反应中氧化剂和还原剂是同一种物质的,如:

$$2KClO_3 \xrightarrow[\Delta]{MnO_2} 2KCl + 3O_2 \uparrow$$

像这种氧化剂和还原剂为同种物质的氧化还原反应,称为自身氧化还原反应。

同一元素同一氧化态的原子既被氧化又被还原的氧化还原反应,称为歧化反应,它是特殊的自身氧化还原反应。例如,$Cl_2 + H_2O = HClO + HCl$ 属于歧化反应;$NH_4NO_3 = N_2O + 2H_2O$ 属于自身氧化还原反应。

2）氧化还原半反应和氧化还原电对

任何氧化还原反应都由两个"半反应"组成,一个是还原剂被氧化的半反应;另一个是氧化剂被还原的半反应。如:

$$Zn + Cu^{2+} \longrightarrow Zn^{2+} + Cu$$

可以写成两个半反应:

$$Zn \longrightarrow Zn^{2+} + 2e$$
$$Cu^{2+} + 2e \longrightarrow Cu$$

半反应中氧化数较高的那种物质称为氧化态或氧化型(如 Zn^{2+}、Cu^{2+}),而氧化数较低的那种物质称为还原态或还原型(如 Zn、Cu)。半反应中氧化态和还原态彼此依存,可以相互转化,是共轭关系,称为氧化还原电对,用"氧化态/还原态"表示,如 Cu^{2+}/Cu、Zn^{2+}/Zn。半反应可用通式表示为。

$$氧化态 + ne \rightleftharpoons 还原态$$

7.1.3 氧化还原反应方程式的配平

1)氧化数法

氧化数法配平氧化还原反应方程式的基本原则是:氧化剂氧化数降低总数与还原剂氧化数升高总数相等。

例7.2 配平 $KMnO_4$ 氧化 HCl 制取 Cl_2 反应方程式。

解 (1)写出反应物和生成物的化学式。

$$KMnO_4 + HCl \longrightarrow MnCl_2 + KCl + Cl_2 \uparrow$$

(2)将有变化的氧化数注明在相应元素符号上方。

$$\overset{+7}{K}MnO_4 + \overset{-1}{H}Cl \longrightarrow \overset{+2}{M}nCl_2 + KCl + \overset{0}{C}l_2 \uparrow$$

(3)根据氧化数升高和降低的总数相等,确定基本系数。

氧化数升高值 2Cl $2 \times [0-(-1)] = +2 \times 5 = +10$

氧化数降低值 Mn $(+2)-(+7) = -5 \times 2 = -10$

$$2KMnO_4 + 10HCl \longrightarrow 2MnCl_2 + 2KCl + 5Cl_2 \uparrow$$

(4)用观察法确定氧化数未发生变化的元素原子数目,必要时可加上适当数目的 H^+、OH^- 或 H_2O。

$$2KMnO_4 + 16HCl \longrightarrow 2MnCl_2 + 2KCl + 5Cl_2 \uparrow + 8H_2O$$

(5)检查等式两边各原子个数是否相等,并将箭头符号改成等号。

$$2KMnO_4 + 16HCl =\!=\!= 2MnCl_2 + 2KCl + 5Cl_2 \uparrow + 8H_2O$$

氧化数法配平化学方程式的优点是简便、快速,不仅适用于水溶液中氧化还原反应,也适用于非水体系和有机物参与的氧化还原反应。

2)离子-电子法

离子-电子法配平氧化还原反应方程式的基本原则是:反应过程中氧化剂得到电子总数和还原剂失去电子总数相等。

例7.3 写出 $KMnO_4$ 与 $H_2C_2O_4$ 在酸性介质中反应的离子方程式。

解 (1)写出未配平的离子方程式。

$$MnO_4^- + H_2C_2O_4 \longrightarrow Mn^{2+} + CO_2 \uparrow$$

(2)将离子方程式写成氧化和还原半反应式。

氧化反应 $\quad H_2C_2O_4 \longrightarrow CO_2 \uparrow$

还原反应 $\quad MnO_4^- \longrightarrow Mn^{2+}$

(3)配平两个半反应式的原子数,必要时可根据反应介质加上适当数目的 H^+、OH^- 或

H_2O, 并在半反应式左边或右边加上适当的电子数, 使两边电荷数相等。

$$H_2C_2O_4 \longrightarrow 2CO_2 \uparrow + 2H^+ + 2e \quad \text{左边电荷数} = 0, \text{右边电荷数} = +2 + (-2) = 0$$

$$MnO_4^- + 8H^+ + 5e \longrightarrow Mn^{2+} + 4H_2O \quad \text{左边电荷数} = -1 + (+8) + (-5) = +2, \text{右边}$$

电荷数 $= +2$

(4) 在两个半反应式两边乘上适当的系数, 使两个半反应式得失电子总数相等。

$$H_2C_2O_4 \longrightarrow 2CO_2 \uparrow + 2H^+ + 2e \qquad \times 5$$

$$MnO_4^- + 8H^+ + 5e \longrightarrow Mn^{2+} + 4H_2O \qquad \times 2$$

(5) 将乘以系数后的两个半反应式合并, 并再次确认反应式两边原子数和电荷数相等。

$$2MnO_4^- + 5H_2C_2O_4 + 6H^+ = 2Mn^{2+} + 10CO_2 \uparrow + 8H_2O$$

例 7.4　用离子-电子法配平 $KMnO_4$ 与 Na_2SO_3 反应的离子方程式(碱性溶液中)。

解　(1) 写出离子方程式。

$$MnO_4^- + SO_3^{2-} \longrightarrow MnO_2 + SO_4^{2-}$$

(2) 将反应改为两个半反应, 并配平原子个数和电荷数。

还原反应　　$MnO_4^- + 2H_2O + 3e \longrightarrow MnO_2 + 4OH^-$

氧化反应　　$SO_3^{2-} + 2OH^- \longrightarrow SO_4^{2-} + H_2O + 2e$

(3) 将还原反应乘上 2, 氧化反应乘上 3, 合并, 并消去式中得失电子数, 即得配平的离子方程式。

$$2MnO_4^- + 3SO_3^{2-} + H_2O = 2MnO_2 + 3SO_4^{2-} + 2OH^-$$

任务 7.2　电极电势

7.2.1　电极电势的产生

在一定条件下, 当把金属放入含有该金属离子的盐溶液时, 有两种反应倾向存在: 一方面, 金属表面的离子进入溶液和水分子结合成水合离子, 某种条件下达到平衡时金属表面带负电荷, 靠近金属附近的溶液带正电荷, 如图 7.1 所示。

另一方面, 溶液中的水合离子有从金属表面获得电子沉积到金属上的倾向, 平衡时金属表面带正电荷, 而溶液带负电荷, 如图 7.2 所示。

金属和金属离子建立了动态平衡

$$M \Longrightarrow M^{n+} + ne^-$$

这样, 金属表面与其盐溶液就形成了带异种电荷的双电层。

这种金属表面与其盐溶液形成的双电层间的电势差称为该金属的电极反应电势,简称电极电势,用符号 E 表示。金属越活泼,溶解成离子的倾向越大,离子沉积的倾向越小,达到平衡时,电极电势越低;反之,电极电势越高。

电极电势的大小不仅取决于电极的性质,还与温度和溶液中离子的浓度有关。不仅金属及其盐溶液可以产生电势差,不同的金属、不同的电解质溶液之间在接触面上也可产生电势差。

 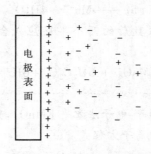

图 7.1　水合离子的形成　　　　　　图 7.2　水合离子沉积到金属表面

7.2.2　标准氢电极和甘汞电极

电极电势是一个重要的物理量。但任何一个电极的电极电势的绝对值都是无法测量的(如物质的 H、G),但是我们可以选择某种电极作为基准,规定它的电极电势为零,通常选择标准氢电极作为基准。

将待测电极与标准氢电极组成一个原电池,通过测定该原电池的电动势就可以求出待测电极的电极电势的相对值。

1)标准氢电极(SHE)

将表面镀上一层多孔铂黑(细粉状的铂)(镀铂黑的目的是增加电极的表面积,促进对气体的吸附,以利于与溶液达到平衡)的铂片,浸入氢离子浓度为 10 mol/L 的酸溶液中(如HCl 溶液),在 298 K 时不断通入压力为 100 kPa 的纯氢气流,使铂黑电极上吸附的氢气达到饱和。这时,H_2 与溶液中 H^+ 可达到平衡:

$$2H^+(aq) + 2e^- \rightleftharpoons H_2(g)$$

标准氢电极如图 7.3 所示,可表示为

$$Pt, H(1 \times 10^5 Pa) | H^+(1 \text{ mol/L}) | H_2(1 \times 10^5 Pa), Pt$$

规定:298 K 时标准氢电极的还原电极电势为零,即 $E^{\ominus}(H^+/H_2) = 0.000\ 0\ V$

2)甘汞电极(SCE)

氢电极的电极电势随温度变化改变的很小,这是它的优点。但是它对使用条件却要求得十分严格,既不能用在含有氧化剂的溶液中,也不能用在含汞或砷的溶液中。因此,在实际应用中往往采用其他电极作为参比电极。参比电极中最常用的是甘汞电极。

甘汞电极如图 7.4 所示,可表示为

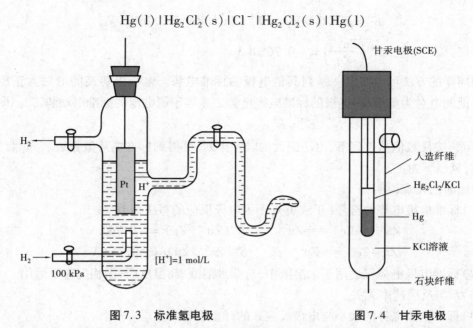

$$Hg(l) | Hg_2Cl_2(s) | Cl^- | Hg_2Cl_2(s) | Hg(l)$$

甘汞电极(SCE)

人造纤维

Hg_2Cl_2/KCl

Hg

KCl溶液

石块纤维

H_2

Pt H^+

H_2

$[H^+]=1$ mol/L

100 kPa

图7.3　标准氢电极　　　　　图7.4　甘汞电极

这是一类金属-难溶盐电极。它由两个玻璃管组成,内套管下部有一多孔素瓷塞,并盛有汞和甘汞 Hg_2Cl_2 混合的糊状物,在其间插有作为导体的铂丝。在其外管中盛有饱和 KCl 溶液和少量 KCl 晶体(以保证 KCl 溶液处于饱和状态);外玻璃管的最底部也有一多孔素瓷塞。多孔素瓷允许溶液中的离子迁移。

以标准氢电极的还原电极电势为基准,可以测得饱和甘汞电极的电势,其值为0.241 5 V。

7.2.3　标准电极电势

在电化学的实际应用中,半电池(即电对)的标准电极电势显得更重要些。参与电极反应的物质都处于标准状态(浓度 c_i 均为 1 mol/L,气体的分压为 p_i;都是标准压力 100 kPa,固体及液体都是纯净物)的电极电势称为标准电极电势,以符号 $E^\ominus$(氧化型/还原型)表示。标准电极电势可以通过实验测得。使待测半电池中各物种均处于标准态下,将其与标准氢电极相连接组成原电池,以电压表测定该电池的电动势并确定其正极和负极,根据 $E^\ominus(H^+/H_2)=0$ V,$E^\ominus = E^\ominus(+) - E^\ominus(-)$,可推算出待测电极的标准电极电势。

例如:测定锌电极的标准电极电势。

将处于标准态的锌电极与标准氢电极组成原电池。根据检流计指针偏转方向,可知电流由氢电极通过导线流向锌电极,所以标准氢电极为正极,标准锌电极为负极。原电池符号为

$$(-)Zn | Zn^{2+}(1\ mol/L) \| H^+(1\ mol/L) | H_2(1 \times 10^5 Pa) | Pt(+)$$

电池反应为

$$Zn + 2H^+ \Longequals Zn^{2+} + H_2$$

298 K 时,测得此原电池的标准电动势 $E^\ominus = 0.761\ 8$ V,则

$$E^{\ominus} = E^{\ominus}(H^+/H_2) - E^{\ominus}(Zn^{2+}/Zn) = 0.761\ 8\ V$$

所以
$$E^{\ominus}\left(\frac{Zn^{2+}}{Zn}\right) = -0.761\ 8\ V$$

用同样的方法可以测出一系列其他电极的标准电势。电极电势高的电对为正极;电极电势低的电对为负极;两电极的标准电极电势之差等于原电池的标准电动势 $E^{\ominus}$。即

$$E^{\ominus} = E^{\ominus}(+) - E^{\ominus}(-)$$

将 $E^{\ominus}$ 按代数值从上到下、由小到大的顺序排列,可得到标准电势数据表。显然,氢以上为负,氢以下为正。

使用时的几点说明:

(1)标准电极电势的符号(正或负),不因电极反应的写法而改变。

$$Zn^{2+} + 2e^- \Longrightarrow Zn \qquad E^{\ominus}(Zn^{2+}/Zn) = -0.763\ V$$
$$Zn - 2e^- \Longrightarrow Zn^{2+} \qquad E^{\ominus}(Zn^{2+}/Zn) = -0.763\ V$$

(2)标准电极电势仅适用于水溶液中,对非水溶液、高温反应、固相反应不适用。

(3)E 与反应速率无关。

(4)标准电极电势的大小与电极反应式的计量系数无关。

(5)一些电极在不同的介质中,电极反应和电极电势不同。

7.2.4 影响电极电势的因素——能斯特(Nernst)方程

电极电势的大小首先取决于构成电对物质的性质,同时也受温度、溶液中离子的浓度和溶液酸碱度的影响。

标准电极电势是在标准状态下测定的,通常参考温度为 298 K。如果温度、溶液中离子的浓度和溶液酸碱度改变,则电对的电极电势也将随之发生改变。

能斯特方程用于求非标准状况下的电极电势,表达了电极电势与浓度、温度之间的定量关系。

对于一般的电极反应:氧化型 $+ ze^- \Longrightarrow$ 还原型

$$E = E^{\ominus} - \frac{RT}{zF}\lg\frac{c(还原型)/c^{\ominus}}{c(氧化型)/c^{\ominus}}$$

式中: E——电对在任一温度、浓度时的电极电势,V;

$E^{\ominus}$——电对的标准电极电势,V;

R——摩尔气体常数,8.314 J/(mol·K);

F——法拉第常数,96 485 C/mol;

T——热力学温度,K;

z——电极反应式中转移的电子数。

上式即电极反应的能斯特方程,它反映了温度、浓度对电极电势的影响。

方程中的 c(氧化型)和 c(还原型)分别是电极反应中等号左侧和右侧的各物种相对浓度幂的乘积,若是气体则用相对分压表示。

298 K 时,电极反应的能斯特方程为

$$E = E^{\ominus} - \frac{0.059\,2}{z}\lg\frac{c(还原型)/c^{\ominus}}{c(氧化型)/c^{\ominus}}$$

使用能斯特方程的规则:

(1)氧化型、还原型为参与电极反应的所有物质的相对浓度,且浓度方次为其在电极反应中的系数。气体用相对分压表示。

(2)电对中的固体、纯液体浓度为1,不写出。

(3)浓度单位为 mol/L;分压为 Pa 或 kPa。

由电极反应的能斯特方程可以看出:c(氧化型)或 p(氧化型)增大,电极电势增大;c(还原型)或 p(还原型)增大,电极电势减小。

例7.5　已知:$E^{\ominus}(O_2/OH^-) = 0.4$ V,求 pH = 13,$p(O_2) = 100$ kPa,该电极反应(298 K)$O_2 + H_2O + 4e^- \rightleftharpoons 4OH^-$ 的电动势 E。

解　pOH = 1,$c(OH^-) = 0.1$ mol/L

$$E(O_2/OH^-) = E^{\ominus}(O_2/OH^-) + \frac{0.059\,2}{4}\lg\frac{p(O_2)}{c^4(OH^-)} = 0.459 \text{ V}$$

由电池反应的能斯特方程可以看出:反应物的浓度或分压增大,E 增大;相反,反应物的浓度或分压减小,E 减小。

目标检测

一、填空题

1.指出下列物质中 N 的氧化数:N_2O ＿＿;N_2O_3 ＿＿;N_2O_5 ＿＿;NH_3 ＿＿。

2.在氧化还原反应中,氧化剂发生＿＿＿＿反应,其氧化数为＿＿＿＿,其产物称为＿＿＿＿,还原剂发生＿＿＿反应,其氧化数＿＿＿为,其产物称为＿＿＿。

3.电池反应 $Sn^{2+} + I_2 \rightleftharpoons Sn^{4+} + 2I^-$,负极电对是＿＿＿,电极反应为＿＿＿,正极电对是＿＿＿,电极反应为＿＿＿。

4.应用电极电势可以＿＿＿,＿＿＿,＿＿＿,＿＿＿。

二、判断题

1.在氧化还原反应中,氧化剂得到电子,发生还原反应。　　　　　(　　)

2.氧化数既可以是整数,也可以是分数。　　　　　(　　)

3.电极电势大小只取决于电极本性,与温度、离子浓度和气体分压等因素没有关系。　　　　　(　　)

4.原电池负极得到电子,发生还原反应。　　　　　(　　)

5.原电池电动势大小与正负极电极电势有关。　　　　　(　　)

6.能斯特方程只描述浓度对电极电势的影响,没有描述温度对电极电势的影响。

                                             (   )

7.在一些注射液药物生产过程中,常加入亚硫酸钠的目的是防药物被氧化。 (   )

8.增大某电对氧化态物质浓度,电极电势增大,其氧化态物质氧化能力增强。 (   )

9.氧化还原反应 $K^{\ominus}$ 值越大,该反应组成的原电池 $E^{\ominus}$ 值也越大。   (   )

10.将氧化还原反应设计为原电池,原电池 $E^{\ominus}<0$ 时,则该反应正向自发进行。

                                             (   )

三、计算题

已知电对 $Ag^{+}+e^{-}\!\Longrightarrow\!Ag$ 的 $E^{\ominus}=+0.799\ V$,$Ag_2C_2O_4$ 的溶度积为 3.5×10^{-11}。求算电对 $Ag_2C_2O_4+2e^{-}\!\Longrightarrow\!2Ag^{+}+C_2O_4^{2-}$ 的标准电极电势。

项目8　配位化合物

📖【学习目标】

➤ 掌握:配合物的内界和外界、配位数等概念;配合物的基本概念、命名和稳定性。

➤ 熟悉:常见配体和配合物的命名;配合物的键合异构和顺反异构现象;酸碱平衡和沉淀平衡对配位平衡的影响。

➤ 了解:配合物的价键理论;配位平衡与氧化还原平衡之间的相互影响;EDTA、螯合物。

🔖 案例导入

在硫酸铜溶液中加入氨水,开始时有蓝色 $Cu_2(OH)_2SO_4$ 沉淀生成,当继续加入过量氨水时,则蓝色沉淀溶解变成深蓝色溶液,反应为:

$$CuSO_4 + 4NH_3 =\!=\!= [Cu(NH_3)_4]SO_4(深蓝色溶液)$$

在 $[Cu(NH_3)_4]SO_4$ 溶液中,几乎检查不出有 Cu^{2+} 存在。

在 $HgCl_2$ 溶液中加入 KI,开始时有橘黄色 HgI_2 沉淀,当继续加入过量 KI 时,则橘黄色沉淀消失,变成无色溶液,反应为:

$$HgCl_2 + 2KI =\!=\!= HgI_2\downarrow + 2KCl$$

$$HgI_2 + 2KI =\!=\!= K_2[HgI_4](无色溶液)$$

在 $K_2[HgI_4]$ 溶液中,几乎检查不出有 Hg^{2+} 存在。

问题:1. 在 $Cu(NH_3)_4SO_4$ 溶液和 $K_2[HgI_4]$ 溶液中几乎检验不出 Cu^{2+} 和 Hg^{2+},为什么?

2. $Cu(NH_3)_4SO_4$ 和 $K_2[HgI_4]$ 属于什么物质?

配位化合物简称配合物,也常称为络合物。人类对于配合物的认识可能缘于其颜色,不少配合物最初就是根据其颜色命名的。早在西周至春秋时期,中国人就知道"染绛(红)用茜"(茜草根中的二羟基蒽醌与黏土或白矾中的 Al^{3+} 形成红色物质)"染缁(黑)用涅"("涅"即绿矾 $FeSO_4 \cdot 7H_2O$,其中的 Fe^{2+} 与某些植物中的 3,4,5-三羟基苯甲酸形成黑色物质）。大约在公元初，希腊人普里尼（Pliny）发现，可用经五倍子提取液（含 3,4,5-三羟基苯甲酸）浸泡过的纸检测醋和胆矾中的 Fe^{2+}。在 1706 年前后，德国颜料技师狄斯巴赫（Diesbach）偶然地制备出了后来被称为"普鲁士蓝"的颜料，这可能是最早的人工合成的配合物之一。

现代配位化学的发展史可追溯到 18 世纪末。1798 年，法国化学家塔萨厄尔（Tassaert）本想用氨水代替 NaOH 来沉淀盐酸介质中的 Co^{2+}，却意外地得到了化学组成为 $CoCl_3 \cdot 6NH_3$ 的橘黄色结晶，由此拉开了职业化学家研究配合物的序幕。瑞士化学家维尔纳（Wermer）认识到金属离子形成的化学键的数目可以不同于其氧化态。为解释此类化合物中金属离子与其他原子之间的连接方式，他在 1893 年提出了"副价"和"配位数"等概念，奠定了现代配位化学的基础。从 20 世纪 20 年代末到 50 年代，化学家和物理学家共同探索配合物的性质和结构，提出了价键理论、晶体场/配体场理论和分子轨道理论。现在，配位化学已成为连接无机化学与其他化学分支学科和应用学科的纽带，在生命科学、环境科学、工业催化、染料、材料、农林业和海洋化学等领域具有广泛的用途。

任务 8.1　配合物的组成、命名和异构现象

8.1.1　配合物的组成

配合物是一类具有特定的组成、形状和性质的化合物，其特点是：一组称为配位体（简称配体）L 的离子或分子，以一定的方式排布在中心原子 M（通常是金属离子或原子）周围；M 和 L 之间以配位键相连，配位键的数目不必与 M 的氧化态相同。配位键是一种共价键，其中的 2 个成键电子不是分别来自 M 和 L，而是完全由配体 L 提供。配体充当电子给予体，而中心原子是电子接受体。配位键可用箭头表示，例如 M←L。H^+ 与 :NH_3 之间的共价键虽然也是配位键，但是其中的电子接受体并非金属离子或原子，因此通常不把 NH_4^+ 当作配合物。

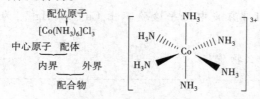

图 8.1　配合物的结构特征

配合物的结构如图 8.1 所示。以共价键相连的中心原子和配体是配合物的内界，置于方括号内。当内界电荷不为 0 时，如 $[Co(NH_3)_6]^{3+}$，称为配合物离子。中心原子 Co(Ⅲ) 与 6 个 NH_3 的 N 原子形成配位键，呈八面体形。配合物离子作为一个整体，与 3 个 Cl^- 之间形成离子键，3 个 Cl^- 称为配合物的外界。在水溶液中，$[Co(NH_3)_6]Cl_3$ 解离成 $[Co(NH_3)_6]^{3+}$ 和 3 个 Cl^-。当讨论不涉及外界时，表示内界的方括号也可以省略，例如 $Co(NH_3)_6^{3+}$。

在[Cu(NH₃)₄]SO₄中,Cu²⁺占据中心位置,为中心离子。在中心离子 Cu²⁺周围,以配位键结合着4个NH₃分子,为配位体,简称配体。中心离子与配体构成配合物的内界(配离子),通常把内界写在方括号内。SO_4^{2-}称为外界。内界与外界以离子键结合,在水中能全部解离。又如,在$K_3[Fe(CN)_6]$中,Fe^{3+}占据中心位置,中心离子 Fe^{3+}周围以配位键结合着6个 CN⁻离子,形成配合物的内界,方括号以外3个 K⁺是外界。这些关系图示如图8.2所示。

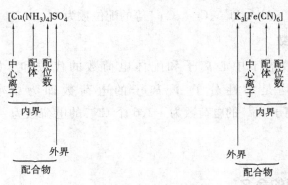

图8.2　配合物的关系图

1)中心离子

中心离子是配合物的核心,一般是阳离子,也可以是中性原子,如[Ni(CO)₄]中 Ni 为中心原子。中心离子绝大多数为金属离子特别是过渡金属元素的离子。

2)配体和配位原子

在配合物中,与中心离子直接结合的阴离子或分子称为配体,如,:OH⁻、:SCN⁻、:CN⁻、NH₃、H₂O: 等。配体中具有孤电子对并与中心离子形成配位键的原子称为配位原子,上述配体中旁边带有":"的即为配位原子。

只含有一个配位原子的配体称为单基配体,如 X⁻、NH₃、H₂O、CN⁻等。含有两个或两个以上配位原子的配体,称为多基配体,如乙二胺 H₂NCH₂CH₂NH₂(简写为 en)、草酸根等,其配位示意图如图8.3所示,箭头是配位键的指向,M 表示金属离子。

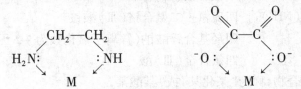

图8.3　乙二胺、草酸根配位示意图

3)配位数

配合物中直接与中心离子形成配位键的配位原子总数,称为该中心离子的配位数。对简单配合物来说,若配体是单基配体,则中心离子配位数即是内界中配体总数。若配体是多基配体,则中心离子配位数为配体数乘以每个配体提供的配位原子数。

例如,配合物[Co(NH₃)₆]³⁺,中心离子 Co³⁺与6个NH₃分子(单基配体)中的 N 原子配位,其配位数为 6;配合物 $[Zn(en)_2]SO_4$ 中,中心离子 Zn^{2+} 与 2 个乙二胺分子(二基配体)结合,每个乙二胺分子中有 2 个 N 原子与 Zn^{2+} 配位,故 Zn^{2+} 的配位数为 $2 \times 2 = 4$。因此,应注意配位数与配体数的区别。

中心离子的配位数,主要取决于中心离子的电荷和配体的大小,同时也与外界环境条件有关。在一定的外界条件下,某一中心离子有一个特征配位数。多数金属离子的特征配位数为 2、4 或 6。如 Ag^+、Cu^+ 等的配位数为 2;Cu^{2+}、Zn^{2+}、Ni^{2+}、Hg^{2+}、Cd^{2+}、Pt^{2+} 等的配位数为 4;Fe^{3+}、Fe^{2+}、Al^{3+}、Pt^{4+}、Cr^{3+}、Co^{3+} 等的配位数为 6。

4)配离子的电荷数

配离子的电荷数等于中心离子和配体电荷数的代数和。如 $[Co(NH_3)_6]^{3+}$、$[Cu(en)_2]^{2+}$,配体均是中性分子,配离子的电荷数即为中心离子的电荷数;$[Fe(CN)_6]^{4-}$,中心离子 Fe^{2+} 的电荷数为 +2,6 个 CN^- 的电荷数为 -6,故配离子的电荷数为 -4。

8.1.2　配合物的命名

配合物的命名遵循无机化合物命名原则,称为某化某、某酸某或某某酸等,所不同的只是对配离子的命名。配离子的组成较复杂,有特定的命名原则。

配离子按下列顺序命名:阴离子配体→中性分子配体→"合"→中心离子(用罗马数字标明氧化数)。氧化数无变化的中心离子可不注明氧化数。若有几种阴离子配体,命名顺序为简单离子→复杂离子→有机酸根离子。同类配体按配位原子元素符号英文字母顺序排列。各配体个数用数字一、二、三等注明在该种配体名称之前,不同配体之间以"·"隔开。

下面列举一些配合物命名实例。

(1)配阴离子配合物,称为"某酸某"或"某某酸"。

$K_4[Fe(CN)_6]$　　　　六氰合铁(Ⅱ)酸钾

$K_3[Fe(CN)_6]$　　　　六氰合铁(Ⅲ)酸钾

$NH_4[Cr(SCN)_4(NH_3)_2]$　四硫氰·二氨合铬(Ⅲ)酸铵

$Na_2[Zn(OH)_4]$　　　　四羟基合锌酸钠(锌离子氧化数为 +2 无变化,不注明)

$H[AuCl_4]$　　　　　　四氯合金(Ⅲ)酸

(2)配阳离子配合物,称为"某化某"或"某酸某"。

$[Cu(NH_3)_4]SO_4$　　　　硫酸四氨合铜(Ⅱ)

$[Co(NH_3)_6]Br_3$　　　　三溴化六氨合钴(Ⅲ)

$[CoCl_2(NH_3)_3(H_2O)]Cl$　氯化二氯·三氨·一水合钴(Ⅲ)

$[PtCl(NO_2)(NH_3)_4]CO_3$　碳酸一氯·一硝基·四氨合铂(Ⅳ)

(3)中性配合物。

$[PtCl_2(NH_3)_2]$　　　　二氯·二氨合铂(Ⅱ)

$[Ni(CO)_4]$　　　　　四羰基合镍

除系统命名法外,有些配合物还沿用习惯命名。如 $K_4[Fe(CN)_6]$,习惯称为黄血盐或亚铁氰化钾;$K_3[Fe(CN)_6]$,习惯称为赤血盐或铁氰化钾;$[Ag(NH_3)_2]^+$ 和 $[Cu(NH_3)_4]^{2+}$,分别称为银氨配离子和铜氨配离子。

8.1.3　配合物的分类

配合物在自然界中普遍存在,如生物体内的金属离子大部分以配合物的形式存在。按中心原子的数目、配体的种类,可将常见的配合物大致分为以下三种。

1)简单配合物

由一个中心离子或原子与一定数目的单基配体所形成的配合物,称为简单配合物。其配体多数是简单无机分子或离子,如 NH_3、H_2O、X^- 等。当配合物中只含有一种配体时,这类配合物称为单一配体配合物,如 $[Cu(NH_3)_4]SO_4$、$[Co(NH_3)_6]Br_3$、$H[AuCl_4]$ 等;当配合物中含有多种配体时,这类配合物称为混合配体配合物,如 $[PtCl_2(NH_3)_2]$、$[CoCl_2(NH_3)_3(H_2O)]Cl$、$NH_4[Cr(SCN)_4(NH_3)_2]$ 等。简单配合物中心离子与配体结合不会形成环状结构,配体数量通常较多。

2)螯合物

(1)螯合物的形成。螯合物是由中心离子与多基配体形成的环状结构的配合物,也称为内配合物。例如,Cu^{2+} 与乙二胺形成螯合物。

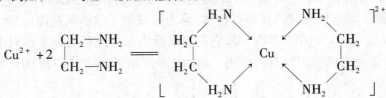

图 8.4　Cu^{2+} 与乙二胺螯合物

螯合物结构中的环,称为螯环。能形成螯环的配体,称为螯合剂,如乙二胺、草酸根、乙二胺四乙酸(EDTA)、氨基酸等。螯合物中心离子与螯合剂分子或离子数目之比称为螯合比。如上述螯合物的螯合比为 $1:2$。根据成环的原子数,将环称为几元环,如上述螯合物含有两个五元环。

螯合剂必须具备以下两点:

①螯合剂分子或离子中含有两个或两个以上配位原子,而且这些配位原子同时与一个中心离子形成配位键。

②螯合剂中每两个配位原子之间相隔 $2\sim3$ 个其他原子,以便与中心离子形成稳定的五元环或六元环。多于或少于五元环或六元环都不稳定。

(2)螯合物的稳定性。螯合物与非螯合物相比,具有特殊的稳定性。这种特殊的稳定性是由于环状结构的形成而产生的。人们将这种由于螯环的形成而使螯合物具有特殊稳定性的作用,称为螯合效应。如中心离子、配位原子和配位数都相同的两种配离子 $[Cu(NH_3)_4]^{2+}$、$[Cu(en)_2]^{2+}$,其配位解离平衡常数(即稳定常数)K_f 分别为 2.08×10^{13} 和 1.0×10^{20}。螯合物的稳定性与环的大小和多少有关。一般来说以五元环、六元环最为稳定;一种配体与中心离子形成螯合物,其环数越多越稳定。如 Ca^{2+} 与 EDTA 形成的螯合物中有 5 个五元环结构,如图8.5所示,因此很稳定。

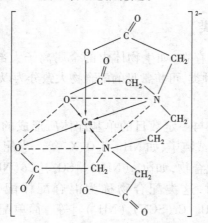

图8.5 Ca^{2+} 与 EDTA 形成的螯合物

(3)多核配合物。含有两个或两个以上中心原子(或离子)的配合物,称为多核配合物。根据配合物中心原子的数量进行具体分类,如含 2 个中心原子的配合物,称为双核配合物;含 3 个中心原子的配合物,称为三核配合物。多核配合物中心原子通过配体而相互连接,在中心原子间起到"搭桥"作用的配体,称为桥联原子或桥联基团,简称桥基。可作桥基的配体很多,如 Cl^-、OH^-、NH_2^- 等,它们可以给出两对或两对以上孤对电子,与一个以上的中心原子键合而起到"搭桥"作用。如图8.6所示,其中的 Cl^- 和 OH^- 为桥基。

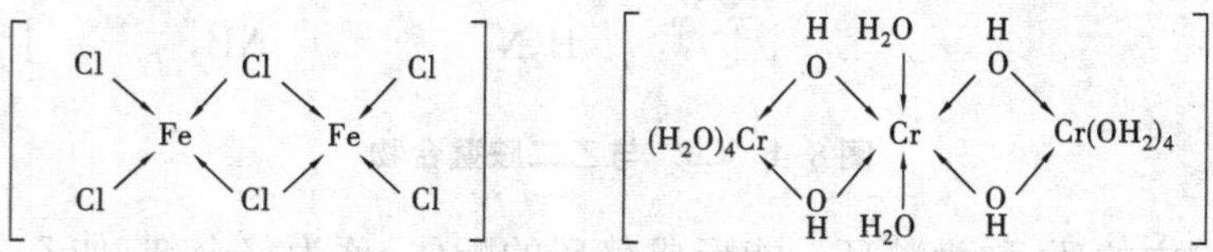

图8.6 多核配合物

知识拓展

生物体内的金属离子

生物体内的金属离子存在十分广泛,这些离子多以配合物的形式存在,它们和卟啉、蛋白质等生物配体结合,表现出多种功能,哺乳动物体内约有70%的铁与卟啉形成配合物。它们是生物体内酶和蛋白质的活性部分。在已知的 1 000 多种酶中有三分之一以上含有金属离子。它们以配合物的形式存在,作为酶的活性中心,参与促进或抑制生物体内的反应。例如,卟啉铁(Ⅱ)配合物的生物功能随金属离子氧化态、环上取代基和轴向配体不同而异,轴向配体的种类和配位方式对生物功能的影响尤为显著,因为铁(Ⅱ)的最高配位数为 6，它只和卟啉环 4 个氮配位后，两个轴向是空的，可被蛋白质的氨基酸或小分子占据。根据占据情况，其生理功能有 3 种情况。

1. 如果卟啉铁（Ⅱ）的轴向，仅有 1 个配体来自氨基酸，另 1 个位置是空的，如血红蛋白就是这种情况，余下 1 个空位可以被 O_2 分子占据，这时卟啉铁（Ⅱ）起着运输氧的生理功能。

2. 如果卟啉铁（Ⅱ）的轴向，1 个被蛋白质氨基酸占据，另一个被水分子占据，水分子是活性配体，配位能力不强，在溶液中可能被其他物种取代，则铁（Ⅱ）能活化新物种，这时卟啉铁（Ⅱ）可能具有催化作用，表现出酶的特性。

3. 如果卟啉铁（Ⅱ）的两个轴向配体均来自蛋白质的氨基酸，中心金属离子不能再和其他物质作用，只能参与电子转移，如细胞色素 C，则它能可逆地转移电子。

任务 8.2　配位平衡

8.2.1　配离子在水溶液中的解离平衡

配合物的内界与外界之间是以离子键结合的，在水溶液中能完全解离成配离子和外界离子。例如：

$$[Cu(NH_3)_4]SO_4 \Longrightarrow [Cu(NH_3)_4]^{2+} + SO_4^{2-}$$

而配离子的中心离子与配位体之间是以配位键结合的，它像弱电解质一样，在水溶液中只是部分解离。配离子在水溶液中的解离程度，就是配合物在水溶液中的稳定性。下面以 $[Cu(NH_3)_4]^{2+}$ 为例来说明。

在水溶液中，$[Cu(NH_3)_4]^{2+}$ 部分解离出 Cu^{2+} 和 NH_3，与此同时，Cu^{2+} 和 NH_3 又结合成 $[Cu(NH_3)_4]^{2+}$。这两个过程是可逆的，在一定条件下可以达到平衡状态，可以表示为：

$$[Cu(NH_3)_4]^{2+} \underset{吸收}{\overset{解离}{\rightleftharpoons}} Cu^{2+} + 4NH_3$$

这种平衡称为配离子的配位平衡，和电离平衡一样，在一定条件下，当配离子的生成和解离达到平衡时，其平衡常数的表达式为：

$$K_{不稳} = \frac{[Cu^{2+}][NH_3]^4}{[Cu^{2+}(NH_3)_4]^{2+}}$$

$K_{不稳}$ 称为配离子的解离常数，又称不稳定常数，它表示配离子的稳定性大小。对具有相同配位体数的配合物来说，其 $K_{不稳}$ 越大，配离子解离的趋势越大，配离子越不稳定；反之，配离子解离的趋势越小，配离子越稳定。

例如，$K_{不稳}([Ag(NH_3)_2]^+)(1.58 \times 10^{-22}) < K_{不稳}([Ag(CN)_2]^+)(5.88 \times 10^{-8})$，即表

示 $[Ag(CN)_2]^+$ 没有 $[Ag(NH_3)_2]^+$ 稳定。

配离子在溶液中的解离是逐级进行的,每一步只解离出一个配位体,有一个平衡常数,称为逐级不稳定常数。例如:

$$[Cu(NH_3)_4]^{2+} \rightleftharpoons [Cu(NH_3)_3]^{2+} + NH_3; \quad K_{不稳1} = \frac{[Cu(NH_3)_3^{2+}][NH_3]}{[Cu(NH_3)_4^{2+}]}$$

$$[Cu(NH_3)_3]^{2+} \rightleftharpoons [Cu(NH_3)_2]^{2+} + NH_3; \quad K_{不稳2} = \frac{[Cu(NH_3)_2^{2+}][NH_3]}{[Cu(NH_3)_3^{2+}]}$$

$$[Cu(NH_3)_2]^{2+} \rightleftharpoons [Cu(NH_3)]^{2+} + NH_3; \quad K_{不稳3} = \frac{[Cu(NH_3)^{2+}][NH_3]}{[Cu(NH_3)_2^{2+}]}$$

$$[Cu(NH_3)]^{2+} \rightleftharpoons Cu^{2+} + NH_3; \quad K_{不稳4} = \frac{[Cu^{2+}][NH_3]}{[Cu(NH_3)^{2+}]}$$

配离子的稳定性还可以用生成配离子的平衡常数(简称配位常数,又称稳定常数)来表示,符号为 $K_{稳}$。如:

$$Cu^{2+} + 4NH_3 \rightleftharpoons [Cu(NH_3)_4]^{2+}$$

$$K_{稳} = \frac{[Cu(NH_3)_4]^{2+}}{[Cu^{2+}][NH_3]^4}$$

$$K_{稳} = \frac{1}{K_{不稳}}$$

$K_{稳}$ 又称稳定常数,具有相同配位体数目的配合物,其 $K_{稳}$ 越大,生成配离子的趋势越大,配离子越稳定,在水中越难解离。由于 $K_{稳}$ 与 $K_{不稳}$ 互为倒数,因此只用一种常数表示配离子的稳定性即可。

配离子的形成也是逐级进行的,每一步结合一个配位体,相应平衡常数称为逐级稳定常数。

8.2.2 配位平衡的移动

配位平衡与其他化学平衡一样,是有条件的、暂时的动态平衡。当外界条件改变时,配位平衡就会发生移动。

1)配位平衡与溶液酸度的关系

配位平衡与溶液酸度的关系通过如下演示实验说明。

在试管中制取 10 mL $[FeF_6]^{3-}$ 溶液(往 0.1 mol/L $FeCl_3$ 溶液中逐滴加入 1 mol/L NaF 溶液,至溶液呈无色为止),均分于两试管中,在其中一支试管中逐滴加入 2 mol/L NaOH 溶液,另一支试管中滴入 2 mol/L H_2SO_4 溶液。观察发现,第一支试管中产生红褐色沉淀,说明有 $Fe(OH)_3$ 生成;第二支试管中溶液由无色逐渐变为黄色,说明有更多的 Fe^{3+} 生成。

两支试管中的实验现象为何会有如此大的差异?这是因为 $[FeF_6]^{3-}$ 溶液中,存在下列配位平衡:

$$[FeF_6]^{3+}(无色) \Longrightarrow Fe^{3+}(黄色) + 6F^-$$

当往溶液中加入 NaOH 时,由于 $Fe(OH)_3$ 沉淀的生成,降低了 Fe^{3+} 的浓度,配位平衡被破坏,使 $[FeF_6]^{3-}$ 的稳定性降低。因此,从金属离子考虑,溶液的酸度大些好。

当往溶液中加入 H_2SO_4 至一定浓度时,由于 H^+ 与 F^- 结合生成了 HF,使 $[FeF_6]^{3-}$ 向解离方向移动,生成 Fe^{3+} 的浓度逐渐增大,配离子稳定性降低。故从配位体考虑,溶液的酸度越大,配离子的稳定性越低。

通常,酸度对配位体的影响较大。当配位体为弱酸根(如 F^-、CN^-、SCN^-)、NH_3 及有机酸根时,都能与 H^+ 结合,形成难解离的弱酸,因此增大溶液酸度,配离子向解离方向移动。

但强酸根作配位体形成的配离子,如 $[CuCl_4]^{2-}$ 等,酸度增大不影响其稳定性。这种增大溶液的酸度,而导致配离子稳定性降低的现象,称为酸效应。在一些定性鉴定和容量分析中,为避免酸效应,常控制在一定的 pH 条件下进行。

2) 配位平衡与沉淀溶解平衡的关系

配位平衡与沉淀溶解平衡的关系通过如下演示实验说明。

在盛有 1 mL 含有少量 AgCl 沉淀的饱和溶液中,逐滴加入 2 mol/L NH_3 溶液,振荡试管后发现 AgCl 沉淀能溶于 NH_3 溶液中,反应如下:

$$AgCl(s) \Longrightarrow Ag^+ + Cl^- \qquad K_{sp} = [Ag^+][Cl^-]$$

$$平衡移动方向 \quad + $$
$$\Big\downarrow 2NH_3$$

$$[Ag(NH_3)_2]^+ \qquad K_{sp} = \frac{[Ag(NH_3)_2]^+}{[Ag^+][NH_3]^2}$$

即转化反应为

$$AgCl(s) + 2NH_3 \Longrightarrow [Ag(NH_3)_2]^+ + Cl^-$$

若再往上述溶液中逐滴加入 0.1 mol/L KI 溶液,又有黄色沉淀 AgI 生成。

$$[Ag(NH_3)_2]^+ + I^- \Longrightarrow AgI\downarrow + 2NH_3$$
$$\text{无色} \qquad\qquad\qquad \text{黄色}$$

配位平衡与沉淀平衡的关系,实质上是沉淀剂和配位剂对金属离子的争夺关系,转化反应总是向金属离子浓度减小的方向移动。若往含有某种配离子的溶液中加入适当的沉淀剂,所生成沉淀物的溶解度越小(K_{sp} 越小),配离子转化为沉淀的反应趋势越大;若往难溶电解质中加入适当的配位剂,所生成的配离子越稳定($K_{稳}$ 越大),难溶电解质转化为配离子的反应趋势越大。

3) 配位平衡与其他配位反应的关系

配位平衡与其他配位反应的关系通过如下演示实验说明。

取少量 $[Fe(SCN)_6]^{3-}$ 溶液于试管中,再逐滴加入 1 mol/L NaF 溶液,直至血红色褪去。其转化反应为:

$$[Fe(SCN)_6]^{3-} \rightleftharpoons Fe^{3+} + 6SCN^-$$
$$+$$
$$6F^-$$
$$\Downarrow$$
$$[FeF_6]^{3-}$$

即转化反应为

$$[Fe(SCN)_6]^{3-} + 6F^- \rightleftharpoons [FeF_6]^{3-} + 6SCN^-$$

血红色   无色

$$K_{稳1} = 1.48 \times 10^3 \qquad K_{稳2} = 1.0 \times 10^{16}$$

转化平衡常数为

$$K = \frac{[FeF_6^{3-}][SCN^-]^6}{[Fe(SCN)_6^{3-}][F^-]^6} = \frac{K_{稳2}}{K_{稳1}} = \frac{1.0 \times 10^{16}}{1.48 \times 10^3} \approx 5.8 \times 10^{12}$$

K 很大,说明转化反应进行得很完全。

配离子之间的平衡转化总是向着生成更稳定的配离子方向进行。当配体数相同时,反应由 $K_{稳}$ 较小的配离子向 $K_{稳}$ 较大的配离子方向转化,且 K 与 $K_{稳}$ 相差越大,转化得越完全。

4) 配位平衡与氧化还原反应的关系

配位平衡与氧化还原反应的关系通过如下演示实验说明。

将金属铜放入 $Hg(NO_3)_2$ 溶液中,会发生如下反应:

$$Cu + Hg^{2+} \rightleftharpoons Cu^{2+} + Hg$$

但 Cu 却不能从 $[Hg(CN)_4]^{2-}$ 的溶液中置换出 Hg。这是因为 $[Hg(CN)_4]^{2-}$ 非常稳定 $(K_{稳} = 2.5 \times 10^{41})$,在溶液中解离出的 Hg^{2+} 浓度极低,致使 Hg^{2+} 的氧化能力大为降低。即配位反应改变了金属离子的稳定性。

我们知道,当电对中氧化态物质的浓度减小时,其电极电势值减小,所以 Hg^{2+} 的氧化能力减弱,不足以使 Cu 氧化。总之,一般金属离子在形成配离子后,金属离子的氧化能力减弱,而金属的还原性增强。

例 8.1 已知 $E(Hg^{2+}/Hg) = 0.851$ V,$K_{稳}([Hg(CN)_4]^{2-}) = 2.5 \times 10^{41}$,计算 $Hg(CN)_4^{2-} + 2e^- \rightleftharpoons Hg + 4CN^-$ 的标准电极电势 $E([Hg(CN)]_4^{2-}/Hg)$。

解 由平衡 $Hg^{2+} + 4CN^- \rightleftharpoons [Hg(CN)_4]^{2-}$ 得

$$K_{稳} = \frac{[Hg(CN)_4^{2-}]}{[Hg^{2+}][CN^-]^4}$$

若反应处于标准态,即当 $[Hg(CN)_4^{2-}] = [CN^-] = 1.0$ mol/L 时,则

$$[Hg^{2+}] = \frac{1}{K_{稳}}$$

根据能斯特方程,电极反应 $He^{2+} + 2e^- \rightleftharpoons Hg$ 在 298 K 时的电极电势为

$$E(Hg^{2+}/Hg) = E^{\ominus}(Hg^{2+}/Hg) + \frac{0.059\ 2}{n}lg[Hg^{2+}]$$

$$E(Hg^{2+}/Hg) = E^{\ominus}(Hg^{2+}/Hg) - \frac{0.059\ 2}{2}lg\ K_{稳}$$

$$E(Hg^{2+}/Hg) = 0.851\ V - \frac{0.059\ 2}{2}lg\ 2.5 \times 10^{41}$$

$$E(Hg^{2+}/Hg) = -0.37\ V$$

此电极反应电势就是反应 $[Hg(CN)_4]^{2-} + 2e^- \rightleftharpoons Hg + 4CN^-$ 的标准电极电势。即

$$E([Hg(CN)_4]^{2-}/Hg) = E(Hg^{2+}/Hg) = -0.37\ V$$

由例 8.1 可见，$E([Hg(CN)_4]^{2-}/Hg)$ 明显比 $E(Hg^{2+}/Hg)$ 低，即金属与其配离子组成电对的标准电极电势要比该金属与其离子组成的电对的标准电极电势低得多，配离子越稳定，标准电极电势降低得越多。因此，氧化态物质的氧化性降低，还原物质的还原能力增强，则金属离子就可在溶液中稳定存在。

总之，配离子的形成对氧化还原反应的影响，其实质就是浓度对电极电势的影响。

任务 8.3　配位化合物的应用

配合物的形成总是伴随着颜色、溶解度、电极电势的变化，因此配合物在生产实验和科研中有广泛的应用。

8.3.1　配合物在元素分离和分析化学中的应用

在分析化学中，配合物常用于离子鉴定、掩蔽和分离。例如，Co^{2+} 能与 KSCN 形成蓝色的 $[Co(SCN)_4]^{2-}$ 而得到鉴定；但血红色 $[Fe(SCN)_6]^{3-}$ 会影响颜色观察，通常先加入掩蔽剂 NaF，使 Fe^{3+} 生成无色的 $[FeF_6]^{3-}$ 而排除干扰；Al^{3+} 和 Zn^{2+} 均能与 NH_3 溶液作用生成沉淀 $Al(OH)_3$、$Zn(OH)_2$，但加入过量的 NH_3 溶液时，后者能形成 $[Zn(NH_3)_4]^{2+}$ 而进入溶液，因此可过滤分离。

8.3.2　配合物在冶金工业中的应用

湿法冶金提取 Au，是先用 NaCN 溶液从低品位矿石中浸出，再用 Zn 还原出 Au。即

$$4Au + 8CN^- + 2H_2O + O_2 \Longrightarrow 4[Au(CN)_2]^- + 4OH^-$$

$$Zn + 2[Au(CN)_2]^- \Longrightarrow 2Au + [Zn(CN)_4]^{2-}$$

8.3.3　配合物在工、农业领域中应用

在贵金属提取、高纯金属制备、电镀、催化、化妆品、染色、土壤改性和生物固氮等方面,配合物有重要应用。

在冶金工业上,利用 Au 在 CN^- 存在下氧化成水溶性$[Au(CN)_2]^-$,将 Au 直接从金矿中浸取出来,然后在浸出液中加入锌粉即可还原成 Au。

在电镀工业上,为了得到良好的镀层,常在电镀液中加入适当配位剂,使金属离子转化为较难被还原的配离子、减慢金属晶体形成速度,从而得到光滑、均匀、致密的镀层。目前运用无氯电镀新工艺,采用氨三乙酸-氯化铵电镀液,镀铜时采用焦磷酸钾作配位剂,镀锡时采用焦磷酸钾和柠檬酸钠作配位剂。

在农业上,磷酸根常与铁铝等金属形成难溶物,不能被植物吸收利用。通过施农家肥,使某些成分如腐植酸与 Al^{3+}、Fe^{3+} 作用生成螯合物,磷酸根释放出来被植物吸收,提高土壤肥力。动植物体内微量元素摄取和运转也离不开配合物,如以氨基酸铜、氨基酸锌作为饲料添加剂,动物肝脏内铜、锌含量比用硫酸铜、硫酸锌作饲料添加剂高得多。

在有机催化上,目前有机钯配合物以其优异的催化性能在聚合反应、偶联反应、羰基化反应、氧化反应及加氢反应等方面具有广泛的应用前景。

在化妆品上,目前有铜、铁、硅、硒、碘、铬、锗 7 种微量元素配合物的应用已被国内外专家肯定,而且为广大消费者接受。

同时配合物还应用于染色、硬水软化、环境治理、生物固氮等领域。

8.3.4　配合物在生物科学和医药领域中应用

配位化学与生物科学交叉、渗透,形成了一门新兴边缘学科——生物无机化学,它研究各种无机元素在生物体内的存在形式、作用机理和生理功能等。配合物在生物体代谢过程中起着十分重要的作用,如运载氧的肌红蛋白和血红蛋白都含有血红素,而血红素是 Fe^{2+} 的叶啉配合物;维生素 B_{12} 是钴的配合物,参与蛋白质和核酸的合成,是造血过程的生物催化剂,缺乏时会引起恶性贫血症;叶绿素是镁的配合物,缺镁时光合作用和植物细胞的电子传递不能正常进行。

在医药领域中,利用配合物作为药物得到了重大发展。二巯基丙醇(BAL)是一种良好的解毒药,可与砷、汞以及某些重金属形成螯合物而解毒;柠檬酸钠与血液中 Ca^{2+} 形成螯合物,避免血液凝结,是一种常用血液抗凝剂;*cis*-二氯·二氨合铂(Ⅱ)[简称顺铂 $PtCl_2(NH_3)_2$]对治疗某些肿瘤有显著疗效,顺铂对细胞的脱氧核糖核酸发生作用,从而阻止细胞的繁衍和复制;金硫苹果酸钠、金硫葡萄糖、金硫丙醇酸钠、硫代硫酸盐等已广泛用于治疗关节炎。此外钒(Ⅳ)配合物能模拟胰岛素功能,对糖尿病有疗效,Zn(Ⅱ)的环胺配合物对艾滋病有疗效。

目标检测

一、填空题

1. 往 $HgCl_2$ 溶液中逐滴加入 KI,先有_____生成;继续滴加 KI,则_____。

2. $[Zn(NH_3)_4]Cl_2$ 中,Zn 的配位数是_____,$[Ag(NH_3)_2]Cl$ 中,Ag 的配位数是_____。

3. $K_2Zn(OH)_4$ 的命名是_____。

4. 配合物 $(NH_4)[FeF_4(H_2O)_2]$ 系统命名为_____,中心离子的配位数是_____。

5. $[Cu(en)_2]SO_4$ 的名称为_____,中心离子为_____,其配位数是_____。

6. 配合物 $[Cu(NH_3)_2(en)]^{2+}$ 中,铜元素的氧化数为_____,铜元素的配位数为_____。

7. 已知 $[PtCl_2(NH_3)_2]$ 有两种几何异构体,则中心离子所采取的杂化轨道应是_____杂化;$Zn(NH_3)_4^{2+}$ 的中心离子所采取的杂化轨道应是_____杂化。

8. 五氰·羰基合铁(Ⅱ)配离子的化学式是_____;二氯化亚硝酸根·三氨·二水合钴(Ⅲ)的化学式是_____;四氯合铂(Ⅱ)酸四氨合铜(Ⅱ)的化学式是_____。

9. 判断下列各对配合物的稳定性。(填"＞""＜"或"＝")

(1) $Cd(CN)_4^{2-}$ _____ $Cd(NH_3)_4^{2+}$

(2) $AgBr_2^-$ _____ AgI_2^-

(3) $Ag(S_2O_3)_2^{3-}$ _____ $Ag(CN)_2^-$

(4) FeF^{2+} _____ HgF^+

(5) $Ni(NH_3)_4^{2+}$ _____ $Zn(NH_3)_4^{2+}$

二、写出下列配合物的化学式

1. 六氟合铝(Ⅲ)酸钠:

2. 六氰合铁(Ⅱ)酸铵:

3. 硫酸三(乙二胺)合钴(Ⅲ):

4. 三氯·一氨合铂(Ⅱ)酸钾:

5. 四(异硫氰酸根)·二氨合铬(Ⅲ)酸铵:

6. 一羟基·一草酸根·一水·一(乙二胺)合钴(Ⅲ):

7. 五氰·一羰基合铁(Ⅱ)酸钠:

三、简答题

何为螯合物和螯合效应? 在化合物 H_2O,NH_3,$(CH_3)_2N—NH_2$,EDTA 中哪些可能作为有效的螯合剂?

项目9　实　训

实训 1　化学实训安全教育及认识

【实训目的】

学习无机化学实验室安全知识;学习常用化学仪器的使用方法;学习常用玻璃仪器的洗涤和干燥方法。

【实训指导】

化学实训室存放有大量仪器设备和各种化学试剂,人身、财产安全至关重要,必须防止诸如爆炸、着火、中毒、灼烧、触电等事故的发生。一旦发生事故,必须知道如何采取紧急处理措施,这是一名化学实训工作者必须具备的基本素质。

化学实训所用仪器必须十分洁净,仪器洗涤是否干净,直接影响实训结果的准确性,甚至会影响实验的成败。因此,洗涤仪器是实训必须掌握的一项重要的技术性工作。

不论采取何种方法洗涤仪器,最后都要用自来水冲洗,当倾完水以后,仪器内壁应被水均匀湿润而不挂水珠,如壁上挂水珠,则说明仪器没有洗干净,必须重洗。洗干净的仪器最后还要用蒸馏水荡洗 3 遍。

不同实验对仪器是否干燥及干燥程度的要求不同,应根据实验要求来干燥各种仪器。不同的化学实训项目需要使用不同规格的化学仪器设备和化学试剂。实训前必须熟悉有关仪器设备使用方法和化学试剂的性质,明确其使用注意事项。若对化学仪器设备使用方法和化学试剂性质不熟悉,严禁开始实训,以免发生安全事故。

【实训内容】

1）准备仪器和试剂

化学实训常用仪器、铬酸洗液、去污粉、洗涤剂等。

2）操作步骤

（1）以班为单位观看化学实训基本操作教学录像。

（2）按仪器清单认领化学实训常用仪器，熟悉其名称、规格、用途和使用注意事项。

（3）选用适当的洗涤方法洗涤已领取的仪器。

（4）选用适当的干燥方法干燥洗过的仪器。

（5）按是否加热、容量仪器和非容量仪器等将所认领的仪器进行分类。

【实训注意】

1）安全注意

铬酸洗液具有强氧化性和腐蚀性，使用应注意安全，废洗液对环境有严重污染，洗液洗过的仪器要用自来水冲洗，冲洗液要统一回收处理，绝不能直接向下水道排放。

2）清洗、干燥注意

量筒、移液管和容量瓶等带有刻度的计量仪器，不宜用毛刷刷洗，不能用加热方法干燥。带磨砂口的仪器不可用加热法干燥。

【实训思考】

（1）化学实训室安全要注意什么？

（2）洗涤仪器和干燥仪器有哪些方法？

（3）玻璃仪器洗净的标志是什么？

（4）带磨砂口的仪器是否可用加热方法干燥？

实训 2　溶液的配制

【实训目的】

理解溶液的配制方法；会进行溶液配制的相关计算；掌握天平、移液管等仪器的使用方法;能够正确进行物质的溶解、定容等操作。

【实训指导】

溶液按其浓度的准确度和用途可分一般溶液和准确浓度溶液。一般溶液浓度精度要求不高,只需 1~2 位有效数字,在化学实训中常用于溶解样品、调节酸度、分离或掩蔽干扰离子、显色等。准确浓度溶液,又称为标准溶液,浓度要求准确到 4 位有效数字,主要用于定量分析等。配制溶液是药剂生产、化学实训和定量分析的基本操作之一。

1)一般溶液的配制

(1)一定质量浓度和物质的量浓度溶液的配制。质量浓度是指 1 L 溶液中所含溶质的质量;物质的量浓度是指 1 L 溶液中所含溶质的物质的量。在配制此类溶液时,先根据所要配制溶液的浓度和体积,计算出所需溶质的质量。用托盘天平或电子台秤称出所需溶质的质量,置于烧杯中溶解,再将溶液定量转移至容量瓶中,加水稀释至容量瓶刻度,摇匀,即得。

(2)溶液的稀释。将浓溶液稀释成稀溶液,需掌握一个原则:稀释前后溶液中溶质的量(通常指质量或物质的量)不变。根据浓溶液浓度和欲配制溶液的浓度和体积,利用公式 $c_浓 V_浓 = c_稀 V_稀$ 计算出浓溶液的体积。用量筒或吸量管量取浓溶液置于烧杯中溶解,冷却后定量转移到容量瓶中,加水稀释至容量瓶刻度,摇匀,即得。

注意:稀释浓硫酸时必须在不断搅拌下将浓硫酸缓缓地注入盛有水的烧杯中,切不可将水倒入浓硫酸中。

2)准确浓度溶液的配制

先准确计算配制一定体积准确浓度溶液所需固体试剂的质量,或准确计算出配制一定体积准确浓度稀溶液所需已知准确浓度浓溶液的体积。用电子分析天平准确称取其质量或用移液管量取所需体积的浓溶液,置于洁净的烧杯中,加适量蒸馏水使其完全溶解。冷却后将溶液转移至容量瓶中,用少量蒸馏水洗涤烧杯和玻璃棒 3 次以上,淋洗液也要移入容量瓶中,再加蒸馏水至容量瓶 3/4 容积时,将溶液初步混匀,再加水稀释至刻度,摇匀,即得。

【实训内容】

1)准备仪器和试剂

(1)仪器。电子台秤(精确至 0.01 g);量筒(10 mL、50 mL、100 mL);烧杯(100 mL);试剂瓶(250 mL,5 个);电子分析天平(精确至 0.000 1 g);容量瓶(250 mL、100 mL,各 3个);吸量管(10 mL,1 支)等。

(2)试剂。浓盐酸、固体 NaCl、乙醇溶液(95%)、无水 Na_2CO_3、醋酸溶液(2 mol/L)。

2）操作步骤

（1）一般溶液的配制。

①配制 250 mL 9 g/L 生理盐水。计算配制 250 mL 9 g/L 生理盐水所需 NaCl 质量,用电子台秤称取后,置于 100 mL 烧杯中,加入适量蒸馏水使其完全溶解后,定量转移至 250 mL 容量瓶中,加水稀释至刻度,摇匀,即得。

②配制 250 mL 0.10 mol/L 的盐酸溶液。盐酸溶液用质量分数为 0.365,密度为 1.19 g/mL 的浓盐酸配制。计算配制 250 mL 0.10 mol/L 盐酸溶液所需浓盐酸体积。在通风橱中,向 100 mL 烧杯中加入适量水,用吸量管量取浓盐酸溶液注入烧杯中,待冷却后,将溶液定量转移至 250 mL 容量瓶中,加水稀释至刻度,摇匀,即得。

③配制 100 mL 75% 的乙醇溶液。用 95% 的乙醇溶液配制。计算配制 100 mL 75% 的乙醇溶液所需 95% 的乙醇溶液的体积。用 100 mL 量筒量取所需 95% 的乙醇溶液,加水稀释至 100 mL 刻度,摇匀,即得。

（2）准确浓度溶液的配制。

①配制 100 mL 0.1 mol/L Na_2CO_3 溶液。准确计算配制 0.1 mol/L Na_2CO_3 溶液 100 mL 所需 Na_2CO_3 的质量。用电子分析天平称量所需 Na_2CO_3 质量,置于洁净的烧杯中,加适量蒸馏水使 Na_2CO_3 完全溶解。将 Na_2CO_3 溶液定量转移至 100 mL 容量瓶中,加水稀释至 100 mL 刻度,摇匀,即得。

②配制 100 mL 0.2 mol/L 醋酸溶液。用 2 mol/L 醋酸溶液配制。计算配制 0.2 mol/L 醋酸溶液 100 mL 所需 2 mol/L 醋酸溶液的体积。用移液管吸取所需体积的 2 mol/L 醋酸溶液,置于 100 mL 容量瓶中,再加蒸馏水至刻度,摇匀,即得。

【实训思考】

（1）配制溶液的步骤一般有哪些？准确浓度溶液和一般溶液的配制在仪器上有哪些不同？

（2）配制溶液时,容量瓶是否需要干燥？能否在容量瓶中溶解物质？往容量瓶定量转移溶液应如何操作？定量体现在哪里？

实训 3　凝固点降低法测定葡萄糖相对分子质量

【实训目的】

理解溶液凝固点降低法测定溶质相对分子质量的方法;熟悉刻度分值为 0.1 ℃ 的温度计的使用。

【实训指导】

1）测定原理

溶剂中有溶质溶解时,溶剂的凝固点就要下降。难挥发性非电解质稀释溶液的凝固点下降值与溶质的质量摩尔浓度成正比,公式变形可得:

$$\Delta T_f = K_f b_B = K_f \frac{n_B}{m_A} \times 1\ 000 = K_f \frac{m_B}{M_B m_A} \times 1\ 000$$

整理得:

$$M_B = \frac{K_f m_B \times 1\ 000}{\Delta T_f m_A}$$

式中,K_f 为溶剂的摩尔凝固点降低常数(K·kg/mol);m_B 为溶质 B 的质量(g);m_A 为溶剂 A 的质量(g);ΔT_f 为凝固点降低值(K);M_B 为溶质 B 的摩尔质量(g/mol)。

2）采用过冷法测定纯溶剂和溶液的凝固点

纯溶剂的凝固点是它的液相与固相平衡共存时的温度。若将纯溶剂逐步冷却,使其凝固。在未凝固之前,溶剂的温度将随时间均匀下降。从结晶开始,由于凝固热的放出使体系的温度保持不变。直到所有的溶剂全部凝固,体系温度才再继续均匀下降。如图9.1曲线(a)所示,水平线段所对应的温度为纯溶剂的凝固点。但在实际测定中,常发生过冷现象,即在超过凝固点以下才开始析出晶体,一旦生成固体,温度就回升而出现水平线,如图9.1曲线(b)所示。溶液的凝固点是溶液与溶剂的固体平衡时的温度。若将溶液逐步冷却,其冷却曲线与纯溶剂不同,如图9.1曲线中的(c)和(d)所示。由于溶液的蒸气压低于纯溶剂的蒸气压,溶液中溶剂开始结晶的温度低于纯溶剂开始结晶的温度,当溶剂开始结晶后,剩余溶液的浓度逐渐增大。因此,剩余溶液与溶剂固相的平衡温度也逐渐下降,曲线中不会出现水平线段。曲线(c)是溶液的理想冷却曲线,曲线(d)是在实验中溶液出现过冷现象的冷却曲线。

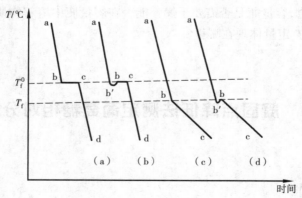

图9.1　纯溶剂与溶液的冷却曲线

【实训内容】

1）准备仪器和试剂

（1）仪器。电子分析天平、精密温度计（100 ℃，0.1 ℃分刻度）、移液管（25 mL）、洗耳球、烧杯（500 mL）、大试管、玻璃棒、金属丝搅拌棒、放大镜、软木塞、铁架台、药匙等。

（2）试剂。葡萄糖（固体）、粗食盐（固体）、水、冰。

2）操作步骤

（1）仪器安装。如图9.2所示安装好仪器。

用移液管量取25 mL蒸馏水注入干燥的大试管中。

用电子分析天平准确称取1.3~1.4 g葡萄糖（准确至0.001 g），放入盛有25 mL蒸馏水的大试管中（注意：葡萄糖不要黏在试管壁上）。

待葡萄糖全部溶解后，用带有精密温度计和金属丝搅拌棒的软木塞将大试管塞好。

小心调节温度计高度，使水银球全部浸没在葡萄糖溶液中。

在大烧杯中加入1/2体积的冰块和1/3体积的水，再加入3~4药勺粗食盐，使之成为水浴。调节烧杯和大试管的高度，使大试管内溶液的液面低于冰水浴液面。

图9.2　凝固点测定装置图

（2）溶液凝固点的测定。上下移动金属丝搅拌棒，使葡萄糖膏液慢慢冷却，同时用放大镜观察温度计读数。待有固体结晶析出时，停止搅拌。记下温度回升后的最高温度T_f（精确到0.01 ℃）。取出大试管，待结冰的葡萄糖溶液完全融化后，再重复测定2次。3次测量值之差不能超过0.05 ℃。

（3）溶剂凝固点的测定。将大试管、精密温度计和金属丝搅拌棒洗干净。用移液管量取35 mL蒸馏水注入大试管中，用上述方法测量溶剂水的凝固点，重复测量3次。3次测量值之差不能超过0.03 ℃。

（4）数据记录及计算，见表9.1。

表9.1　数据记录及计算

测定次数	1	2	3
葡萄糖的质量/g			
葡萄糖溶液的凝固点/℃			

续表

测定次数	1	2	3
葡萄糖溶液凝固点平均值/℃			
水的质量/g			
水的凝固点/℃			
水的凝固点平均值/℃			
凝固点降低值/K			
葡萄糖的摩尔质量/(g·mol^{-1})			
葡萄糖的摩尔质量平均值/(g·mol^{-1})			

【实训注意】

(1)电子分析天平称量葡萄糖时采用减重法。

(2)重复测定时,要等到结冰的葡萄糖溶液完全融化后再进行测定。

【实训思考】

(1)为什么不能将葡萄糖黏在试管上?

(2)凝固点降低法能用于测定尿素、血清蛋白的相对分子质量吗?为什么?

(3)溶液的渗透压是否可以通过测定溶液的凝固点下降值来确定?

实训4　溶胶的制备和性质

【实训目的】

理解胶体溶液的主要性质、溶胶的聚沉作用、高分子溶液对溶胶的保护作用和活性炭的吸附现象;制备溶胶,保护溶胶。

【实训指导】

胶体是一种分散相粒子直径为1~100 nm的分散体系,主要包括溶胶和高分子溶液两大类。固体分散相分散在互不相溶的液体介质中所形成的胶体称为溶胶。

溶胶稳定的主要因素是胶粒带电和水化膜的存在。溶胶的稳定性是相对的,当稳定性因素遭到破坏时,胶粒就会相互聚集成较大的颗粒而聚沉。引起溶胶聚沉的因素很多,如加入少量电解质、加入相反电荷溶胶以及加热等。其中最重要的聚沉方法是加入电解质。与胶粒带相反电荷的离子称为反离子,反离子的价数越高,聚沉能力越强。

在暗室中,用一束聚焦的光束照射溶胶,在与光束垂直的方向观察,可以看到溶胶中有一道明亮的光柱,这种现象称为丁达尔效应。这种现象是由胶粒对光的散射作用产生的。利用丁达尔效应可区分溶胶和其他分散系。

溶胶是高度分散的不均匀体系,比表面大,表面能高,所以胶粒很容易吸附与其组成相似的离子而带电荷。在外电场的作用下,胶粒在介质中定向移动的现象称为电泳。根据胶粒电泳的方向可以确定胶粒带有什么电荷。

高分子溶液的分散相是单个大分子,属均相体系。当把足量的高分子溶液加到溶胶中时,可在胶粒周围形成高分子保护层,提高溶胶的稳定性,使溶胶不易发生聚沉。

活性炭是一种疏松多孔、表面积大、难溶于水的黑色粉末。其吸附能力强,可用来吸附各种色素、有毒气体等,是常用的吸附剂。

【实训内容】

1)准备仪器和试剂

(1)仪器。试管及试管架、烧杯(100 mL)、三脚架、石棉网、酒精灯、表面皿、量筒(10 mL、50 mL)、丁达尔效应装置、电泳装置(U 形管、直流电源、电极)。

(2)试剂。$FeCl_3$(1 mol/L)、Na_2SO_4(1 mol/L)、$NaCl$(1 mol/L)、$AlCl_3$(1 mol/L)、KI(0.05 mol/L);$AgNO_3$(0.05 mol/L,0.1 mol/L)、K_2CrO_4(0.01 mol/L)、$Pb(NO_3)_2$(0.01 mol/L)、硫酸铜溶液等。

(3)其他。品红溶液、硫化砷溶胶、明胶溶液、酚酞、活性炭等。

2)操作步骤

(1)胶体的制备。

①$Fe(OH)_3$溶胶的制备。在洁净的小烧杯中加入 30 mL 蒸馏水,加热至沸腾,在搅拌下逐滴加入 1 mL 1 mol/L $FeCl_3$ 溶液(每毫升约 20 滴),继续煮沸,直到生成深红色 $Fe(OH)_3$溶胶。制得的溶胶备用。

②AgI 溶胶的制备。用量筒量取 20 mL 0.05 mol/L KI 溶液置于小烧杯中,边振摇边滴 0.05 mol/L $AgNO_3$,直到产生微黄色的 AgI 溶胶。

(2)胶体溶液的聚沉。

①加入少量电解质。取两支试管(编号 1、2),各加入 1 mL 自制的氢氧化铁溶胶。在试管 1 中逐滴滴加 1 mol/L Na_2SO_4 直至出现沉淀为止,记录滴加的 Na_2SO_4 溶液滴数。在试管 2 中逐滴加入相同滴数的 1 mol/L NaCl 溶液,观察有无沉淀生成。

取两支试管(编号 3、4),各加入 1 mL 硫化砷溶胶。然后,在试管 3 中逐滴加入

1 mol/L NaCl 溶液,在试管 4 中逐滴加入 1 mol/L AlCl$_3$ 溶液,直到它们出现沉淀为止。比较两支试管中溶胶聚沉所需加入电解质的滴数。

②加入带相反电荷的溶胶。取 1 支试管(编号 5),加入 1 mL 氢氧化铁溶胶和 1 mL 硫化砷溶胶,振荡,观察现象。

③加热。取 1 支试管(编号 6),加入 2 mL 氢氧化铁溶胶,加热至沸腾,观察现象。

(3)胶体的丁达尔效应。将自制的氢氧化铁溶胶放入试管中,置于丁达尔效应器内观察有无丁达尔现象。改用硫酸铜溶液做同样的实验,观察有无丁达尔效应。

(4)胶体的电泳。如图 9.3 所示,将自制的 Fe(OH)$_3$ 溶胶放入 U 形管中,在管左右两边沿管壁小心滴入 2 ~ 3 mL 电解质溶液(导电作用),使电解质与溶胶之间保持清晰界面,内边分界面要高度一致。插入电极,通电,观察现象。

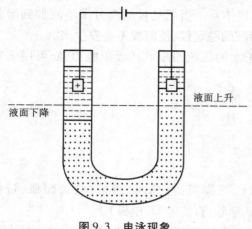

液面上升

液面下降

图 9.3　电泳现象

(5)高分子化合物对溶胶的保护作用。

①取两支试管(编号 7、8),在试管 7 中加入 1 mL 明胶溶液,在试管 8 中加入 1 mL 蒸馏水,然后在两支试管中分别加入 5 滴 1 mol/L NaCl 溶液,振荡。再在两支试管中分别滴加 2 滴 0.1 mol/L AgNO$_3$ 溶液,观察两试管中的现象有何不同。

②取两支试管(编号 9、10),分别加入 5 滴 1 mol/L NaCl 溶液,再各加 2 滴 0.1 mol/L AgNO$_3$ 溶液,振荡。然后在一支试管中加入 1 mL 明胶溶液,在另一支试管中加入 1 mL 蒸馏水,观察两试管中的现象。

(6)活性炭的吸附作用。

①活性炭对色素的吸附。在一支试管(编号 11)中加入 4 mL 品红溶液和一药匙活性炭,用力振荡试管后静置观察上清液颜色有何变化。

将试管 11 中的物质用力摇动后过滤,过滤完毕,移去有滤液的烧杯,换一个干净烧杯,用 4 ~ 5 mL 乙醇洗涤滤纸及滤纸上残留物,观察滤液颜色,并解释。

②活性炭对重金属离子的吸附。在一支试管(编号 12)里加入约 3 mL 蒸馏水,滴加 5 滴 0.01 mol/L Pb(NO$_3$)$_2$ 溶液,然后加入 5 滴 0.01 mol/L K$_2$CrO$_4$ 溶液,观察现象。写出有关化学反应方程式。

另取一支试管(编号 13)加入约 3 mL 蒸馏水,滴加 5 滴 0.01 mol/L Pb(NO$_3$)$_2$ 溶液和一小药匙活性炭,振荡试管,静置片刻后过滤除去活性炭。然后在滤液中滴 5 滴 0.01 mol/L K$_2$CrO$_4$ 溶液,观察现象。与上述试管比较有何不同,并解释。

【实训注意】

(1)制备 Fe(OH)$_3$ 溶胶时小烧杯要清洁干净,要用蒸馏水,不能用自来水。蒸馏水沸腾,在搅拌下逐滴加入 $FeCl_3$ 后继续煮沸,生成深红色的 $Fe(OH)_3$ 溶胶后,煮沸时间不宜过长。

(2)可使用激光笔检验胶体是否生成,注意激光笔不要直射眼睛。

【实训思考】

(1)制备 $Fe(OH)_3$ 溶胶时,如何才能避免生成 $Fe(OH)_3$ 沉淀?

(2)为什么使等量的硫化砷溶胶聚沉时所需 $AlCl_3$ 和 $NaCl$ 的量不同?

(3)在高分子化合物对溶胶的保护作用实验中,为什么加入明胶的先后不同会产生不同的现象?

(4)哪些因素可以使溶胶发生聚沉?

实训 5　化学反应速率和化学平衡

【实训目的】

研究浓度、温度、催化剂对化学反应速率的影响;浓度、温度对化学平衡的影响。

【实训指导】

1)外界条件对化学反应速率的影响

化学反应速率除与物质本性有关外,还受浓度、温度、催化剂等外界因素影响。例如,$Na_2S_2O_3$ 与 H_2SO_4 混合会发生如下反应:

$$Na_2S_2O_3 + H_2SO_4(稀) =\!=\!= Na_2SO_4 + H_2O + SO_2 + S\downarrow$$

由于反应析出淡黄色的硫使溶液呈现浑浊现象。将两种不同浓度的 $Na_2S_2O_3$ 与 H_2SO_4 溶液在不同温度下混合,观察溶液出现浑浊快慢,考察浓度和温度对反应速率的影响。

又如 H_2O_2 水溶液在常温时较稳定,当加入少量 $K_2Cr_2O_7$ 溶液或 MnO_2 固体作为催化剂后,H_2O_2 分解会很快。

$$2H_2O_2 =\!=\!= O_2\uparrow + 2H_2O$$

通过观察气泡产生速率,可判断催化剂对反应速率的影响。

2)外界条件对化学平衡的影响

处于化学平衡的可逆反应,若改变浓度、温度等外界条件,原平衡将被破坏,平衡向减弱这个改变的方向移动,在新条件下重新建立平衡。

例如,$CuSO_4$ 和 KBr 反应:

$$Cu^{2+} + 4Br^- \rightleftharpoons [CuBr_4]^{2-} (黄色) \qquad \Delta H > 0$$

改变浓度、温度等条件,通过溶液颜色改变,判断化学平衡移动的方向。

【实训内容】

1)准备仪器和试剂

(1)仪器。试管(6 支)、量筒(10 mL,1 个)、秒表(1 个)、温度计(100 ℃,1 支)、水浴锅(可控温,1 台)等。

(2)药品。$Na_2S_2O_3$(0.04 mol/L),H_2SO_4(0.04 mol/L、1.00 mol/L),H_2O_2(3%),$K_2Cr_2O_7$(0.1 mol/L),MnO_2(s),$CuSO_4$(1 mol/L),KBr(2 mol/L),KBr(s),蒸馏水等。

2)操作步骤

(1)浓度对化学反应速率的影响。按表9.2,取3 支试管(试管 A 组)并分别编号 1、2、3,在 1 号试管中加入 2 mL 0.04 mol/L $Na_2S_2O_3$ 溶液和 4 mL 蒸馏水,在 2 号试管中加入 4 mL 0.04 mol/L $Na_2S_2O_3$ 溶液和 2 mL 蒸馏水,在 3 号试管中加入 6 mL 0.04 mol/L $Na_2S_2O_3$ 溶液,不加蒸馏水。

再另取 3 支试管(试管 B 组),各加入 2 mL 0.04 mol/L H_2SO_4 溶液,并将这 3 支试管中的溶液同时迅速对应加入上述 1、2、3 号试管中(试管 A 组),立即看表,充分振荡,记下溶液出现浑浊的时间(t)。

将实训结果记录于表9.2 中,分析比较得出浓度对反应速率影响的实验结论。

表9.2　浓度对化学反应速率的影响

编号	试管 A 组			试管 B 组		溶液混合后变浑浊所需时间
	$V(Na_2S_2O_3)$ /mL	$V(H_2O)$ /mL	混合后 $c(Na_2S_2O_3)$ /(mol·L^{-1})	H_2SO_4		
				$c(H_2SO_4)$ /(mol·L^{-1})	$V(H_2SO_4)$ /mL	t/s
1	2	4		0.04	2	
2	4	2		0.04	2	
3	6	0		0.04	2	

(2)温度对化学反应速率的影响。取 3 支试管(试管 A),按表9.3 各加入 2 mL 0.04 mol/L $Na_2S_2O_3$ 溶液和 4 mL 蒸馏水;再取 3 支试管(试管 B),各加入 2 mL 0.04 mol/L H_2SO_4 溶液。将它们分成三组,每组包括盛有 $Na_2S_2O_3$ 溶液(试管 A)和 H_2SO_4 溶液(试管 B)的试管各一支。

表9.3　温度对化学反应速率的影响

编号	试管 A		试管 B	反应温度	溶液混合后变浑浊所需时间 t/s
	$V(Na_2S_2O_3)$/mL	$V(H_2O)$/mL	$V(H_2SO_4)$/mL		
1	2	4	2	室温	
2	2	4	2	比室温高 10 ℃	
3	2	4	2	比室温高 20 ℃	

记下室温,将第 1 组两支试管溶液迅速混合,充分振荡,记下开始混合到溶液出现浑浊所需时间 t。

第 2 组两支试管,先置于高于室温 10 ℃的水浴中,稍等片刻,将两支试管溶液混合,充分振荡,记下开始混合到溶液出现浑浊所需时间 t。

第 3 组两支试管,先置于高于室温 20 ℃的水浴中,稍等片刻,将两支试管溶液混合,充分振荡,记下开始混合到溶液出现浑浊所需时间 t。

比较三组试管溶液混合后变浑浊的时间,分析比较得出温度对反应速率影响的实验结论。

（3）催化剂对化学反应速率的影响。

①均相催化。在盛有 2 mL 3% H_2O_2 溶液的试管中,滴加 1 mol/L H_2SO_4 溶液,再加入 4 滴 $K_2Cr_2O_7$ 溶液,振荡试管,并与另一支仅盛有 2 mL 3% H_2O_2 溶液对比,观察气泡产生的速率。

②多相催化。在盛有 2 mL 3% H_2O_2 溶液的试管中,加入少量 MnO_2 粉末,同样与另一支仅盛有 2 mL 3% H_2O_2 的溶液对比,观察气泡产生的速率。

分析比较上述实验现象,得出催化剂对化学反应速率影响的实验结论。

（4）浓度对化学平衡的影响。按表9.4,取 3 支试管并分别编号 1、2、3,依次加入 1 mol/L $CuSO_4$ 溶液 5 滴、5 滴和 10 滴,分别向第 1、2 支试管中加入 2 mol/L KBr 溶液 5 滴,再向第 2 支试管加入少量 KBr 固体。记录并比较 3 支试管中溶液颜色,分析得出浓度对化学平衡影响的实验结论。

表9.4　浓度对化学平衡的影响

编号	$V(CuSO_4)$/滴	$V(KBr)$/滴	KBr(s)	溶液颜色
1	5	5	0	
2	5	5	少量	
3	10	0	0	

（5）温度对化学平衡的影响。按表9.5,在试管中加入 1 mL 1 mol/L $CuSO_4$ 溶液和 2 mL 2 mol/L KBr 溶液,混合均匀,将溶液平分于 3 支试管中,将第 1 支试管加热至近沸,第 2 支试管放入冷水浴中,第 3 支试管保持室温。记录并比较 3 支试管中溶液的颜色,分析得出温度对化学平衡影响的实验结论。

表 9.5　浓度对化学平衡的影响

编　号	$V(CuSO_4)$/滴	$V(KBr)$/滴	反应温度	溶液颜色
1			加热至近沸	
2	1	2	放入冷水浴中	
3			保持室温	

【实训注意】

(1)在操作步骤(1)和(2)中,溶液混合要迅速,量筒不能混用,秒表计时要准确,记录要正确。

(2)使用温度计时要小心谨慎,以免打破。

(3)实验完毕,废液要倒入废液缸回收。

【实训思考】

(1)影响化学反应速率的因素有哪些? 如何影响?

(2)在什么条件下会发生化学平衡移动? 有什么规律?

(3)在操作步骤(4)和(5)中,各试管中溶液呈现出各种颜色,是否表示各反应已经终止?

实训6　粗食盐的提纯与质量检验

【实训目的】

理解粗食盐提纯的原理和方法;能够掌握称量、溶解、过滤、蒸发、浓缩、结晶和干燥等基本操作。

【实训指导】

粗食盐中含有不溶性杂质如泥沙、草木屑等,含有可溶性杂质如 Ca^{2+}、Mg^{2+}、Fe^{3+}、K^+、SO_4^{2-}、CO_3^{2-}、Br^-、I^-、NO_3^- 等。不溶性杂质可用过滤法除去,可溶性杂质用化学方法转为沉淀过滤除去。

（1）加入稍过量 $BaCl_2$，除去 SO_4^{2-}。

$$Ba^{2+} + SO_4^{2-} \mathop{=\!=\!=} BaSO_4 \downarrow$$

（2）加入 $NaOH$、Na_2CO_3，除去 Ca^{2+}、Mg^{2+}、Fe^{3+} 及过量 Ba^{2+}。

$$2Mg^{2+} + 2OH^- + CO_3^{2-} \mathop{=\!=\!=} Mg_2(OH)_2CO_3 \downarrow$$

$$Ca^{2+} + CO_3^{2-} \mathop{=\!=\!=} CaCO_3 \downarrow$$

$$Fe^{3+} + 3OH^- \mathop{=\!=\!=} Fe(OH)_3 \downarrow$$

$$2Fe^{3+} + 3CO_3^{2-} + 3H_2O \mathop{=\!=\!=} 2Fe(OH)_3 \downarrow + 3CO_2 \uparrow$$

$$Ba^{2+} + CO_3^{2-} \mathop{=\!=\!=} BaCO_3 \downarrow$$

（3）加 HCl，除去过量 OH^-、CO_3^{2-}。

$$OH^- + H^+ \mathop{=\!=\!=} H_2O$$

$$CO_3^{2-} + 2H^+ \mathop{=\!=\!=} CO_2 \uparrow + H_2O$$

（4）由于钾盐溶解度随温度的变化比 $NaCl$ 显著，故在 $NaCl$ 蒸发结晶时，可溶性杂质，如 K^+、Br^-、I^-、NO_3^- 等，留在母液中与 $NaCl$ 晶体分离。

（5）吸附 $NaCl$ 表面的 HCl，可用水或乙醇洗涤除去，水分再加热除去。

【实训内容】

1）准备仪器和试剂

（1）仪器。电子台秤或托盘天平；烧杯（100 mL、200 mL 各 1 个）；量筒（50 mL）；布氏漏斗；抽滤瓶；长颈漏斗；漏斗架；铁架台；蒸发皿；石棉网；酒精灯（两盏）；循环水式多用真空泵等。

（2）试剂。粗食盐（研细，并炒过）；乙醇（95%）；HCl（2 mol/L）；HAc（2 mol/L）；$NaOH$（2 mol/L）；$BaCl_2$（1 mol/L）；饱和 Na_2CO_3 溶液；pH 试纸；滤纸（中速）；饱和 $(NH_4)_2C_2O_4$ 溶液；镁试剂等。

2）操作步骤

（1）称量和溶解。用电子台秤或托盘天平称取 10.0 g 粗食盐（研细，并炒过），置于 100 mL 小烧杯中，加入 40 mL 蒸馏水，边加热边搅拌使之溶解。

（2）除去 SO_4^{2-}。在煮沸的粗食盐溶液中，边搅拌边滴加 2 mL 1 mol/L $BaCl_2$ 溶液。为了检验沉淀是否完全，可将酒精灯移开，待沉淀下降后，在上层清液中加入 1~2 滴 $BaCl_2$ 溶液，观察是否有浑浊现象。若无浑浊，说明 SO_4^{2-} 已沉淀完全。若有浑浊则要继续滴加 $BaCl_2$ 溶液，直到沉淀完全。然后小火加热 5 min，减压抽滤，保留滤液，弃去沉淀。

（3）除去 Ca^{2+}、Mg^{2+}、Fe^{3+}、Ba^{2+} 等。在滤液中加入 1 mL 2 mol/L $NaOH$ 溶液和 2 mL 饱和 Na_2CO_3 溶液，加热至沸。方法同上，用 Na_2CO_3 溶液检验沉淀是否完全。继续煮沸 5 min，常压过滤，弃去沉淀，保留滤液。

（4）调节溶液的 pH。在滤液中逐滴加入 2 mol/L HCl 溶液，加热，充分搅拌，除尽 CO_2

气体,并用玻璃棒蘸取溶液在 pH 试纸上试验,直到溶液呈微酸性(pH 为 3~4)。

(5)蒸发浓缩。将溶液转移到蒸发皿中,用小火加热,蒸发浓缩至溶液呈稠粥状为止,切不可将溶液蒸干。

(6)结晶和干燥。将浓缩液冷却至室温,减压过滤,用少量 95% 乙醇淋洗晶体 2~3 次,将晶体转移到事先称量好的蒸发皿中,加热烘干,冷却后称量,计算产率。

(7)产品纯度检验。取粗盐及精盐各 1 g,分别溶于 5 mL 蒸馏水中,将粗盐溶液过滤。将两种澄清溶液分别置于三支试管中,分成三组,对照检验纯度。

①SO_4^{2-} 的检验。第一组溶液中分别加入 2 滴 2 mol/L HCl 溶液,使溶液呈酸性,再加入 3~5 滴 $BaCl_2$ 溶液,记录结果,进行比较。

②Ca^{2+} 的检验。第二组溶液中分别加入 2 滴 2 mol/L HAc 溶液,使溶液呈酸性,再加入 3~5 滴饱和$(NH_4)_2C_2O_4$ 溶液,记录结果,进行比较。

③Mg^{2+} 的检验。第三组溶液中分别加入 3~5 滴 2 mol/L NaOH 溶液,使溶液呈碱性,再加入 1 滴镁试剂,记录结果,进行比较。

【实训注意】

(1)蒸发浓缩时应边加热边用玻璃棒搅拌。

(2)抽滤时,滤纸要比布氏漏斗内径略小,但必须覆盖全部小孔,要用母液全部转移晶体。

【实训思考】

(1)实训中,为什么要先加入 $BaCl_2$ 溶液,然后依次加入 NaOH、Na_2CO_3 溶液?能否先加 Na_2CO_3 溶液?

(2)如何检验 Ca^{2+}、Mg^{2+} 和 SO_4^{2-} 沉淀完全?

(3)当加入沉淀剂分离 Ca^{2+}、Mg^{2+}、Ba^{2+} 和 SO_4^{2-} 等时,加热和不加热对沉淀分离有何影响?

实训 7 解离平衡和沉淀反应

【实训目的】

理解同离子效应、盐类的水解及影响因素;影响沉淀溶解平衡的因素。掌握运用溶度积规则判断沉淀的生成和溶解、分步沉淀顺序和沉淀转化方向。

【实训指导】

弱电解质溶液中加入含有相同离子的另一种强电解质时,弱电解质解离程度降低,这种效应称为同离子效应。

弱酸及其盐或弱碱及其盐溶液,将其稀释或在其中加入少量酸或碱时,溶液 pH 基本不改变,这种溶液称为缓冲溶液。

按照酸碱质子理论,盐类水解是溶液中质子酸碱与水分子发生质子传递反应,影响因素有溶液酸度和温度等。

在难溶电解质饱和溶液中,未溶解的难溶电解质和溶液中相应离子之间建立多相离子平衡。例如,在 PbI_2 饱和溶液中,建立如下平衡:

$$PbI_2 \rightleftharpoons Pb^{2+} + 2I^-$$

其平衡常数表达式为 $K_{sp,PbI_2}^{\ominus} = [Pb^{2+}][I^-]^2$,称为溶度积。

根据溶度积规则,可判断沉淀的生成和溶解。例如,将 $Pb(Ac)_2$ 和 KI 两种溶液混合时,如果①$[Pb^{2+}][I^-]^2 > K_{sp,PbI_2}^{\ominus}$ 过饱和溶液,有沉淀析出;②$[Pb^{2+}][I^-]^2 = K_{sp,PbI_2}^{\ominus}$ 饱和溶液;③$[Pb^{2+}][I^-]^2 < K_{sp,PbI_2}^{\ominus}$ 未饱和溶液,无沉淀析出。

如果溶液中同时含有几种离子,均可与某种试剂反应生成难溶化合物,那么溶解度小的需要沉淀剂的浓度小,先被沉淀出来;溶解度大的需要沉淀剂的浓度大,后被沉淀出来。这种先后沉淀的现象称为分步沉淀。

使一种难溶电解质转化为另一种难溶电解质,即把一种沉淀转化为另一种沉淀的过程称为沉淀的转化。对于同种类型的沉淀,溶度积大的难溶电解质易转化为溶度积小的难溶电解质;对于不同类型的沉淀,能否进行转化,要具体计算溶解度,溶解度大的沉淀转化为溶解度小的沉淀。

【实训内容】

1)准备仪器和试剂

(1)仪器。试管、离心试管、离心机、药匙、烧杯(100 mL)、量筒(10 mL)、点滴板、pH 试纸等。

(2)试剂。HAc(2 mol/L、0.1 mol/L),HCl(2 mol/L、0.1 mol/L),$NH_3 \cdot H_2O$ (2 mol/L、0.1 mol/L),$AgNO_3$(0.1 mol/L),NaOH(0.1 mol/L),HNO_3(6 mol/L),NH_4Ac (1 mol/L、1 mol/L),NaAc(s、1 mol/L、0.1 mol/L),NaCl(1 mol/L、0.1 mol/L),NH_4Cl (饱和溶液、1 mol/L、0.1 mol/L),$Ca(NO_3)_2$(0.1 mol/L),KNO_3(0.1 mol/L),$MgSO_4$ (0.1 mol/L),$MgCl_2$(1 mol/L),$CaCl_2$(0.1 mol/L),$Pb(NO_3)_2$(0.1 mol/L、0.001 mol/L),K_2CrO_4(0.1 mol/L),$Fe(NO_3)_3 \cdot 9H_2O$(s),$ZnCl_2$(0.1 mol/L),$Pb(Ac)_2$(0.01 mol/L),Na_2S(0.1 mol/L),KI(0.1 mol/L、0.02 mol/L、0.001 mol/L),Na_2CO_3(饱和溶液、1 mol/L、

0.1 mol/L)，(NH_4)$_2$$C_2O_4$（饱和溶液），$NaHCO_3$（0.1mol/L），$Na_2HPO_4$（0.1 mol/L），$NaH_2PO_4$（0.1 mol/L），$Na_3PO_4$（0.1 mol/L），$Al_2$($SO_4$)$_3$（饱和溶液），酚酞指示剂，甲基橙指示剂等。

2）操作步骤

（1）同离子效应和缓冲溶液。

①取 3 支有编号的试管，各加 1 mL 0.1 mol/L NH_3·H_2O 溶液和 1 滴酚酞试剂，在 2 号试管中加 2 滴 1 mol/L NH_4Ac 溶液，在 3 号试管中加 2 滴 1 mol/L $NaCl$ 溶液，比较 3 支试管中颜色的变化，并解释。

②取 3 支有编号的试管，各加 1 mL 0.1 mol/L HAc 溶液和 1 滴甲基橙试剂，在 2 号试管中加 2 滴 1 mol/L NH_4Ac 溶液，在 3 号试管中加 2 滴 1 mol/L $NaCl$ 溶液，比较 3 支试管中颜色的变化，并解释。

③用 0.1 mol/L $NaOH$ 溶液代替 0.1mol/LNH_3·H_2O 溶液，用 0.1 mol/L HCl 溶液代替 0.1 mol/L HAc 溶液重做①、②实验，比较酚酞、甲基橙颜色的变化，并解释。

④在烧杯中加入 10 mL 0.1 mol/L HAc 溶液和 10 mL 0.1 mol/L $NaAc$ 溶液，搅匀，用 pH 试纸测定其 pH 值；然后将溶液分成两份，一份加入 10 滴 0.1 mol/L HCl 溶液，测其 pH 值，另一份加入 10 滴 0.1 mol/L $NaOH$ 溶液，测其 pH 值。在另一烧杯中加入 10 mL 去离子水，重复上述实验。说明缓冲溶液的作用。

（2）盐类的水解及其影响因素。

①在点滴板上，用 pH 试纸测定浓度为 0.1mol/L 的下列各溶液的 pH 值：Na_2CO_3、$NaHCO_3$、$NaCl$、Na_2S、Na_2HPO_4、NaH_2PO_4、Na_3PO_4、$NaAc$、NH_4Cl、NH_4Ac，并与计算值相比较。

②取少量 $NaAc$ 固体，溶于少量去离子水中，加 1 滴酚酞试剂，观察溶液颜色。在小火上将溶液加热，观察颜色变化。

③取少量 Fe(NO_3)$_3$·$9H_2O$ 固体，用 6 mL 去离子水溶解后，观察溶液颜色（Fe^{3+} 水解生成 Fe(OH)$_3$ 胶体而使溶液呈黄棕色）。然后将溶液分成 3 份，一份加数滴 6 mol/L HNO_3 溶液，另一份在小火上加热煮沸，观察现象并比较。通过上述现象说明，加 HNO_3 溶液或加热对水解平衡的影响。

④在一支装有 Al_2(SO_4)$_3$ 饱和溶液的试管中，加入饱和 Na_2CO_3 溶液，观察现象。通过实验证明产生的沉淀是 Al(OH)$_3$ 而不是 Al_2(CO_3)$_3$，并写出相关反应方程式。

（3）溶度积规则的应用。

①在试管中加入 0.5 mL 0.1 mol/L Pb(NO_3)$_2$ 溶液及 0.5 mL 0.1 mol/L KI 溶液，观察有无沉淀生成，并用溶度积规则解释之。

②用 0.001 mol/L Pb(NO_3)$_2$ 溶液和 0.001 mol/L KI 溶液重复上述实验，观察有无沉淀生成，并用溶度积规则解释之。

（4）沉淀的生成和溶解。

①在两支试管中分别加入 0.5 mL（NH_4）$_2$$C_2O_4$ 饱和溶液和 0.5 mL 0.1 mol/L $CaCl_2$ 溶液，观察白色沉淀的生成。然后在一支试管中加入约 2 mL 2 mol/L HCl 溶液，搅匀，观察沉淀是否溶解。在另一支试管中加入约 2 mL 2 mol/L HAc 溶液，观察沉淀是否溶解，并解

释现象。

②取 2 滴 0.1 mol/L $ZnCl_2$ 溶液,加入 2 滴 0.1 mol/L Na_2S 溶液,观察沉淀的生成和颜色,再在试管中加入数滴 2 mol/L HCl 溶液,观察沉淀是否溶解,并写出相关反应方程式。

③在两支试管中分别加入 1 mL 1 mol/L $MgCl_2$ 溶液,并分别滴加 2 mol/L $NH_3 \cdot H_2O$ 溶液至有白色沉淀生成。在一支试管中加入 2 mol/L HCl 溶液,观察沉淀是否溶解。在另一支试管中加入饱和 NH_4Cl 溶液,观察沉淀是否溶解。说明加入 HCl 或 NH_4Cl 对 $Mg(OH)_2$ 沉淀溶解平衡的影响。

(5)分步沉淀。在试管中分别加入 1 滴 0.1 mol/L $AgNO_3$ 溶液和 3 滴 0.1 mol/L $Pb(NO_3)_2$ 溶液,再加入 2 mL 蒸馏水稀释。摇匀后,先加 1 滴 0.1 mol/L $KCrO_4$ 溶液,振荡试管,观察沉淀颜色,再继续滴加 0.1 mol/L K_2CrO_4 溶液,观察沉淀颜色有何变化。根据沉淀颜色的变化和溶度积规则,计算两种难溶铬酸盐开始沉淀时 CrO_4^{2-} 浓度,以判断沉淀先后顺序。

(6)沉淀的转化。取 10 滴 0.01 mol/L $Pb(Ac)_2$ 溶液,加入 2 滴 0.02 mol/L KI 溶液,振荡,观察沉淀颜色。再在其中加入 0.1 mol/L Na_2S 溶液,边加边振荡,直到黄色沉淀消失,黑色沉淀生成为止。解释观察到的现象,写出相关反应方程式。

(7)用沉淀法分离混合离子。在离心试管中加入 1 滴 0.1 mol/L $Pb(NO_3)_2$ 溶液、2 滴 0.1 mol/L $Ca(NO_3)_2$ 溶液和 1 滴 0.1 mol/L KNO_3 溶液,然后滴加 0.1 mol/L KI 溶液,产生什么沉淀? 离心分离后,在上层清液中加 1 滴 0.1 mol/L KI 溶液,如无沉淀出现,表示 Pb^{2+} 已沉淀完全,否则继续滴加 0.1 mol/L KI 溶液,直至沉淀完全,离心分离。用滴管将清液移入另一离心试管中,滴加 1 mol/L Na_2CO_3 溶液,直至沉淀完全,离心分离。写出分离过程流程图。

【实训注意】

使用离心机进行离心操作时,应注意离心试管要对称地放入离心机孔内,防止离心机在高速运转时因质量不平衡产生危险。如果只有 1 支试管需要离心分离,也要另取 1 支试管加入相同量的水,放在离心机对称的孔内。离心机一般有 6 孔,为了对称平衡,一次只能放入 2 支、3 支、4 支或 6 支试管。

【实训思考】

(1)同离子效应与缓冲溶液的原理有何异同?

(2)如何抑制或促进水解? 举例说明。

(3)是否一定要在碱性条件下,才能生成氢氧化物沉淀? 不同浓度的金属离子溶液,开始生成氢氧化物沉淀时,溶液 pH 值是否相同?

(4)什么是分步沉淀? 根据什么判断溶液中离子被沉淀的先后顺序?

(5)沉淀转化的条件是什么? 实训中 PbI_2 沉淀为什么能转化为 PbS 沉淀?

实训 8　缓冲溶液的配制和性质

【实训目的】

理解缓冲溶液的性质。掌握缓冲溶液 pH 值的计算方法和配制方法:使用酸度计和复合电极测定溶液 pH 值。

【实训指导】

缓冲溶液具有抵抗少量强酸、强碱或稍加稀释的影响仍保持其 pH 值几乎不变的能力。

缓冲溶液一般由共轭酸碱对组成,其中弱酸为抗碱成分,共轭碱为抗酸成分。当弱酸和共轭碱浓度相等时,pH 值的计算公式为

$$pH = pK_a^{\ominus} + \lg \frac{V(\mathrm{B}^{-1})}{V(\mathrm{HB})}$$

计算所需弱酸 HB 及其共轭碱 B⁻ 的体积,将所需体积的弱酸溶液及其共轭碱溶液混合,即得所需缓冲溶液。

缓冲溶液的缓冲能力用缓冲容量来衡量,缓冲容量越大,缓冲能力越强。缓冲容量与总浓度及缓冲比有关,当缓冲比一定时,总浓度越大,缓冲容量越大;当总浓度一定时,缓冲比越接近 1,缓冲容量越大(缓冲比等于 1 时,缓冲容量最大)。

由上述计算配制的溶液,所得的 pH 值为近似值,需用酸度计和复合电极测定其 pH 值,再用相应酸或碱调节 pH 值。

【实训内容】

1)准备仪器和试剂

(1)仪器。试管(6 支)、试管架、玻璃棒、滴管、洗瓶、吸量管(10 mL、20 mL)、烧杯(100 mL)、量杯(5 mL)、酸度计、复合电极、温度计、洗耳球、塑料烧杯(50 mL,3 个)、精密 pH 试纸、点滴板等。

(2)试剂。HAc(2 mol/L、1 mol/L、0.1 mol/L),NaAc(1 mol/L、0.1 mol/L),NaH₂PO₄(2 mol/L、0.2 mol/L),Na₂HPO₄(0.2 mol/L),HCl(0.1 mol/L),NaOH(2 mol/L、1 mol/L、0.1 mol/L),邻苯二甲酸氢钾标准缓冲溶液(0.05 mol/L),混合磷酸盐标准缓冲溶液(0.025 mol/L),溴酚红指示剂等。

2）操作步骤

（1）缓冲溶液的配制。

①计算配制 pH = 5.00 的缓冲溶液 20 mL 所需 0.1 mol/L HAc（pK_a = 4.76）溶液和 0.1 mol/L NaAc 溶液的体积。分别用吸量管移取所需量的 HAc 溶液和 NaAc 溶液，置于 50 mL 塑料烧杯中，摇匀。用酸度计（配用复合电极，下同）测定其 pH 值，并用 2 mol/L NaOH 或 2 mol/L HAc 调节 pH 值至 5.00，保存备用。

②计算配制 pH = 7.00 的缓冲溶液 20 mL 所需 0.2 mol/L NaH_2PO_4（pK_{a2} = 7.21）溶液和 0.2 mol/L Na_2HPO_4 溶液的体积。分别用吸量管移取所需量的 NaH_2PO_4 溶液和 Na_2HPO_4 溶液，置于 50 mL 塑料烧杯中，摇匀。用酸度计测定其 pH 值，并用 2 mol/L NaOH 或 2 mol/L NaH_2PO_4 调节 pH 值至 7.00，保存备用。

（2）缓冲溶液的性质。

①抗酸作用。取 3 支试管，分别量取 3 mL 上述配制好的 pH 值为 5.00、7.00 的缓冲溶液和蒸馏水，各加入 2 滴 1 mol/L HCl 溶液，摇匀，用精密 pH 试纸分别测定其 pH 值。

②抗碱作用。取 3 支试管，分别量取 3 mL 上述配制好的 pH 值为 5.00、7.00 的缓冲溶液和蒸馏水，各滴入 2 滴 1 mol/L NaOH 溶液，摇匀，用精密 pH 试纸分别测定其 pH 值。

③抗稀释作用。取 4 支干燥洁净的试管，分别加入 0.5 mL 上述配制好的 pH 值为 5.00、7.00 的缓冲溶液、0.1mol/L HCl 溶液、0.1mol/L NaOH 溶液，分别各加入 5 mL 蒸馏水，振荡试管，用精密 pH 试纸分别测定其 pH 值。

解释上述实验结果。

（3）缓冲容量的比较。

①缓冲容量与总浓度的关系。取两支试管，在一支试管中加入 0.1 mol/L HAc 溶液和 0.1 mol/L NaAc 溶液各 2 mL，在另一支试管中加入 1 mol/L HAc 溶液和 1 mol/L NaAc 溶液各 2 mL，测定两试管中溶液的 pH 值，两者是否相同？向两试管中各滴入 2 滴溴酚红（变色范围 pH 为 5.0 ~ 6.8，pH < 5.0 呈黄色，pH > 6.8 呈红色）试剂，然后向两支试管中分别滴加 1 mol/L NaOH 溶液，边滴加边振荡试管，直至溶液颜色变为红色。记录两试管所加 NaOH 溶液滴数。

②缓冲容量与缓冲比的关系。取两支试管，在一支试管中加入 0.1 mol/L NaAc 溶液和 0.1 mol/L HAc 溶液各 5 mL，在另一支试管中加入 9 mL 0.1 mol/L NaAc 溶液和 1 mL 0.1 mol/L HAc 溶液。计算两缓冲溶液的缓冲比，用精密 pH 试纸测定两溶液的 pH 值。然后向每支试管中加入 1 mL 1 mol/L NaOH 溶液，用精密 pH 试纸测量两溶液的 pH 值。

解释上述实验结果。

【实训注意】

（1）离子强度的影响，会造成所配缓冲溶液 pH 测定值与理论值偏离，需用酸度计测定其 pH 值，再用相应酸或碱调节其 pH 值。

（2）配制缓冲溶液的水，应是新沸腾过并放冷的纯化水，其 pH 值应为 5.5 ~ 7.0。

（1）若同样程度改变共轭酸及其共轭碱浓度，溶液 pH 值是否改变？

（2）配制 pH 值为 9.00 的缓冲溶液，应选何种缓冲对？

（3）影响缓冲溶液缓冲容量的主要因素是什么？如何影响？

（4）10 mL 0.2 mol/L HAc 溶液和 10 mL 0.1 mol/L NaOH 溶液混合后所得的溶液是否具有缓冲作用，为什么？

实训 9　氧化还原反应与电极电势

【实训目的】

理解原电池组成和电动势测定方法。掌握浓度、介质酸碱性对电极电势与氧化还原反应的影响。

【实训指导】

氧化还原反应伴随着电子转移，可组成原电池，如铜锌原电池。

$$(-)Zn(s) \mid ZnSO_4(c_1) \parallel CuSO_4(c_2) \mid Cu(s)(+)$$

在原电池中，化学能转变为电能，产生电流和电动势，可用电位计测量其电动势。

氧化剂和还原剂的相对强弱，氧化还原反应能否自发进行，进行程度如何，均可通过电对电极电势大小来判断。

作为氧化剂所对应电对的电极电势和作为还原剂所对应电对的电极电势，数值之差大于零时，则氧化还原反应自发进行，即 $\varphi^{\ominus}$ 值大的氧化态物质可氧化 $\varphi^{\ominus}$ 值小的还原态物质，或 $\varphi^{\ominus}$ 值小的还原态物质可还原 $\varphi^{\ominus}$ 值大的氧化态物质。

若两者标准电极电势数值相差不大，则要考虑浓度对氧化还原反应方向的影响。利用 25 ℃时，能斯特方程

$$\varphi = \varphi^{\ominus} + \frac{0.059\,2}{n} \lg \frac{c_{Ox}^a}{c_{Red}^b}$$

计算不同浓度的电极电势值判断氧化还原反应方向。

若有 H^+ 或 OH^- 参加的氧化还原反应，还要考虑介质酸碱性对电极电势和氧化还原反应的影响。

【实训内容】

1)准备仪器和试剂

（1）仪器。烧杯（50 mL，2 个）、电位计、锌棒、铜棒、盐桥、试管等。

（2）试剂。$CuSO_4$（0.1 mol/L），$ZnSO_4$（0.1 mol/L），浓 HNO_3（3 mL），HNO_3（0.5 mol/L，3 mL），$FeSO_4$（0.2 mol/L），$AgNO_3$（0.1 mol/L），NH_4SCN（100 g/L），锌粒，$KClO_3$（0.1 mol/L），H_2SO_4（3 mol/L），$KMnO_4$（0.1 mol/L），$NaOH$（6 mol/L），Na_2SO_4（0.1 mol/L），KI（0.1 mol/L），KBr（0.1 mol/L），$FeCl_3$（0.1 mol/L），CCl_4，碘水，溴水，H_2O_2（30 g/L）。

2)操作步骤

（1）原电池的组成和电动势的测定。取两个 50 mL 烧杯，一个加入 30 mL 0.1 mol/L Cu-SO_4 溶液，另一个加入 30 mL 0.1 mol/L $ZnSO_4$ 溶液，按图 9.4 装配成原电池。接上电位计（注意正负极），观察电位计指针偏转方向，并记录电位计读数。写出原电池的电池符号、电极反应及原电池反应。

（2）卤素及其离子的氧化还原性。

①氧化性。取两支试管，各加入少量

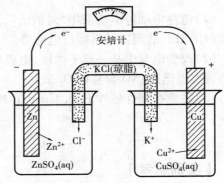

图 9.4 铜锌原电池

0.1 mol/L $FeSO_4$ 溶液，向其中一支试管加入碘水，向另一支试管加入溴水，观察现象，并解释。

②还原性。取两支试管，向一支试管中加入少量 0.1 mol/L KI 溶液，向另一支试管中加入少量 0.1 mol/L KBr 溶液，再向两支试管中各加入少量 0.1 mol/L $FeCl_3$ 溶液，摇匀，观察有何现象。若再向两支试管中各加入少量 CCl_4，摇匀，观察现象，并解释。

比较 I_2/I^-、Fe^{3+}/Fe^{2+} 和 Br_2/Br^- 三种电对电极电势大小，指出它们作为氧化剂还原剂的相对强弱。

（3）H_2O_2 的氧化性和还原性。

①氧化性。在试管中加入 2 滴 0.1 mol/L KI 溶液和 3 滴 3 mol/L H_2SO_4 溶液，然后逐滴加入 2~3 滴 30 g/L H_2O_2 溶液，观察溶液颜色变化。再加入 15 滴 CCl_4，振荡，观察 CCl_4 层颜色，并解释。

②还原性。在试管中加入 5 滴 0.1 mol/L $KMnO_4$ 溶液和 5 滴 3 mol/L H_2SO_4 溶液，然后逐滴加入 30 g/L H_2O_2 溶液，直至紫红色消失。观察有无气泡放出，并解释。

（4）浓度、介质酸碱性对电极电势和氧化还原反应的影响。

①浓度对电极电势的影响。往两支各盛一粒锌粒的试管中，分别加入 3 mL 浓 HNO_3 溶液和 0.5 mol/L HNO_3 溶液。观察它们的反应产物有无不同，观察气体产物颜色，并解释

浓度对电极电势的影响。

②介质对电极电势和氧化还原反应的影响。

介质酸碱性对氯酸钾氧化性的影响:取一支试管,加入少量 0.1 mol/L $KClO_3$ 溶液,和 KI 溶液混匀,观察现象。若加热之,有无变化。若用 3 mol/L H_2SO_4 溶液酸化之,观察其变化,并解释。

介质酸碱性对高锰酸钾氧化性的影响:取三支试管各加入 2 滴 0.1 mol/L $KMnO_4$ 溶液,向三支试管中分别加入相同量的 3 mol/L H_2SO_4 溶液、6 mol/L NaOH 溶液和 H_2O。再向三支试管中各加入少量等量的 0.1 mol/L Na_2SO_4 溶液。观察有何不同现象,并解释。

【实训注意】

(1)电池电动势本应采用"对消法",用电位计进行测量,但因酸度计具有较高的输入阻抗($10^{12}\Omega$),故测定结果接近电动势。

(2)改变电对中某一离子浓度,电极电势会相应变化,硝酸浓度越大,其氧化性越强。颜色观察要迅速,NO 容易被 O_2 氧化。

(3)注意在碱性条件下,0.1 mol/L Na_2SO_4 溶液用量要尽量少,同时碱溶液用量不宜过少。

【实训思考】

(1)原电池装置中盐桥起什么作用?

(2)通过实验比较下列物质的氧化性和还原性的强弱。

　　①Br_2、I_2 和 Fe^{3+}　　　　②Br_2、I_2 和 Fe^{2+}

(3)在氧化还原反应中,为什么一般不用 HNO_3、HCl 作反应的酸性介质?

实训 10　配位化合物的组成和性质

【实训目的】

理解配离子的生成和组成;配位平衡与沉淀溶解平衡之间相互转化。掌握配位平衡和沉淀溶解平衡分离;鉴定混合阳离子。

【实训指导】

配合物一般是由中心离子、配体和外界组成的。中心离子和配体组成配离子(内界),

例如,$[Cu(NH_3)_4]SO_4$,$[Cu(NH_3)_4]^{2+}$称为配离子(内界),其中Cu^{2+}为中心离子,NH_3为配体,SO_4^{2-}为外界。配合物的内界和外界可完全解离,可用实验来确定。配离子的配位解离平衡是动态平衡,遵循化学平衡移动规律。

配位反应和沉淀反应常用于分离和鉴定某些离子,例如,Cu^{2+}、Fe^{3+}、Ba^{2+}等混合离子,设计分离鉴定方案如图9.5所示。

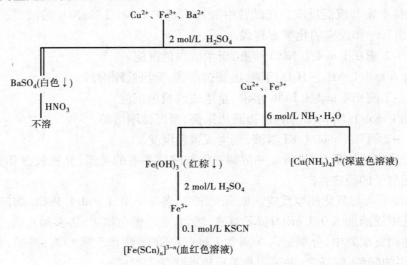

图9.5 混合离子分离鉴定方案

【实训内容】

1)准备仪器和试剂

(1)仪器。试管、离心管、离心机、烧杯等。

(2)试剂。$CuSO_4$(0.1 mol/L)、$NH_3 \cdot H_2O$(6 mol/L)、H_2SO_4(3 mol/L)、$NaOH$(2 mol/L)、$AgNO_3$(0.1 mol/L)、$Al(NO_3)_3$(0.1 mol/L)、$FeCl_3$(0.1 mol/L)、KBr(0.1 mol/L)、$KSCN$(0.1 mol/L)、KF(0.1 mol/L)、KI(0.1 mol/L)、$NaCl$(0.1 mol/L)、$BaCl_2$(1 mol/L)、$K_3[Fe(CN)_6]$(0.1 mol/L)、$K_4[Fe(CN)_6]$(0.1 mol/L)、HCl(2 mol/L)、NH_4F(4 mol/L)、$Na_2S_2O_3$(1 mol/L)、CCl_4、铝试剂、pH试纸等。

2)操作步骤

(1)配合物的生成和组成。取两支试管,各加入10滴0.1 mol/L $CuSO_4$溶液,一支试管加入2滴1 mol/L $BaCl_2$溶液,另一支试管加入2滴2 mol/L $NaOH$溶液,观察产生沉淀的颜色(检验SO_4^{2-}和Cu^{2+})。

再取一支试管加入10滴0.1 mol/L $CuSO_4$溶液,加入6 mol/L $NH_3 \cdot H_2O$溶液至生成深蓝色溶液,然后将深蓝色溶液分于两支试管中,一支试管加入2滴1 mol/L $BaCl_2$溶液,另一支试管加入2滴2 mol/L $NaOH$溶液,观察是否都有沉淀产生,并解释现象。

（2）配位平衡之间转化。

①在试管中加入 5 滴 0.1 mol/L $FeCl_3$ 溶液和 1 滴 0.1 mol/L KSCN 溶液,观察现象（检验 Fe^{3+}）。将溶液用水稀释,逐滴加入 4 mol/L NH_4F 溶液,观察现象,并解释。

②以 0.1 mol/L 铁氰化钾（$K_3[Fe(CN)_6]$）溶液代替 0.1 mol/L $FeCl_3$ 溶液重复上述实验,观察现象是否与上述相同,并解释。

（3）配位平衡与沉淀反应。在试管中加入 5 滴 0.1 mol/L $AgNO_3$ 溶液,按下列次序进行实验,写出每一步反应的化学方程式。

①加 1~2 滴 0.1 mol/L NaCl 溶液,至生成白色沉淀。

②滴加 6 mol/L $NH_3·H_2O$ 溶液,边滴边振荡,至沉淀刚溶解。

③加 1~2 滴 0.1 mol/L NaBr 溶液,至生成浅黄色沉淀。

④滴加 1 mol/L $Na_2S_2O_4$ 溶液,边滴边振荡,至沉淀刚溶解。

⑤加 1~2 滴 0.1 mol/L KI 溶液,至生成黄色沉淀。

根据上述实验结果,讨论沉淀—溶解平衡与配位平衡的关系,并比较卤化银溶度积大小和相关配离子的稳定性。

（4）配位平衡与氧化还原反应。取两支试管,各加入 0.1 mol/L $FeCl_3$ 溶液 5 滴,在其中一支试管中逐滴加入 0.1 mol/L KF 溶液,摇匀,至浅黄色褪去,再多加几滴。

在上述两支试管中,分别加入 5 滴 0.1 mol/L KI 溶液和 5 滴 CCl_4,振摇,观察两支试管中 CCl_4 层的颜色,解释之,并写出相关反应的化学方程式。

（5）配位平衡与溶液酸碱性。在试管中先加入 1 mL 0.1 mol/L $CuSO_4$ 溶液,再逐滴加入 6 mol/L $NH_3·H_2O$ 溶液,边加边振荡,至沉淀完全溶解。再逐滴加入 3 mol/L H_2SO_4 溶液,观察现象,解释之,并写出相关反应的化学方程式。

（6）混合离子分离和鉴定。取 15 滴 Ag^+、Cu^{2+}、Al^{3+} 混合溶液,设计并进行分离和鉴定,写出分离和鉴定过程示意图。

【实训注意】

（1）实验前检查玻璃器皿是否干净,实验后及时清洗干净玻璃器皿。

（2）混合离子分离时,使用离心机离心后,轻轻取出离心试管,不要剧烈振动,以防沉淀破碎,溶液浑浊。

【实训思考】

（1）在 $[Cu(NH_3)_4]SO_4$ 溶液中加入 NaOH 溶液,为什么没有蓝色沉淀生成?

（2）复盐和配合物有什么不同?怎么用化学方法区别 $NH_4Fe(SO_4)_2$ 和 $K_3[Fe(CN)_6]$?

附 录

附录 1　化学实训须知

一、化学实训学生守则

1.实训前,必须认真预习实训内容,明确实训目的、要求,了解实训原理、操作技术、操作步骤及注意事项,写好预习报告。

2.进入实训室,必须穿实验服,佩戴个人识别卡。禁止穿拖鞋、高跟鞋、背心、短裤(裙)或披发。禁止大声喧哗、吸烟、玩手机和饮食。

3.实训前,应先清点仪器、药品是否齐全,发现不全时,及时报告教师,登记、补领或调换。如对仪器使用方法、药品性质不明确时,严禁开始实训,以免发生意外。

4.实训时,要严格按照教材实训方法、步骤和试剂用量进行实训,仔细观察,积极思考,并及时、如实记录实训现象和实训结果。

5.实训时,要严格遵守实训室各项制度,注意安全,爱护仪器,节约药品,节约水电。如发生中毒、灼伤、失火、爆炸等意外事故,不要惊慌,按事故处理规则及时处理,并向有关部门报告。

6.实训时,保持实训桌面和地板整洁,仪器合理摆放,废品、纸屑、火柴梗等放入废物桶内,有毒废物倒入指定地点回收,进行无害化处理,严禁投放在水槽中,以免腐蚀和堵塞水槽及下水道,污染环境。

7.公共仪器和药品用毕,随即放回原处,不得擅自拿走。按量取用药品,注意节约。严禁将药品任意混合。

8.实训完毕,应及时整理物品,将仪器、药品架、实验桌面清理干净,将仪器整齐摆放回仪器柜。如有损坏,必须及时登记补领。实训室一切物品不得带离实训室。

9.值日生负责做好整个实训室的清洁、整理工作,并关好水、电、门窗等,经教师检查同意后,方可离开实训室。

10.实训后,需对实训现象进行总结,对实训原始数据进行处理,以及对实训结果进行

讨论,按要求按格式书写实训报告,并按时交给指导教师审阅。

二、化学实训安全守则

1. 产生刺激性、恶臭、有毒气体(如 Cl_2、Br_2、HF、HCl、H_2S、SO_2、NO_2、CO 等)的实训,应在通风橱内进行。

2. 白磷、钾、钠等暴露在空气中易燃烧,必须将白磷保存在水中,钾、钠保存在煤油中,取用时,用镊子夹取。乙醇、乙醚、丙酮、苯等有机物容易引燃,使用时,必须远离明火,用完立即盖紧瓶塞。

3. 浓酸、浓碱有强腐蚀性,使用时一定要小心,切勿溅在衣服、皮肤及眼睛上。稀释浓硫酸时,应将浓硫酸沿玻璃棒缓慢注入水中,并不断搅拌,绝不能将水倒入浓硫酸中。

4. 有毒药品(如重铬酸钾、铅盐、镉盐、砷的化合物、汞的化合物等)不得进入人体内或接触伤口,不得将其倒入水槽中,应按教师要求专门收集,进行统一无害化处理。

5. 加热时,不能将容器口朝向自己或他人,不能俯视正在加热的液体,以防液体溅出伤人。

6. 在不了解药品性质时,不允许将药品任意混合,以免发生意外事故。

7. 不允许用手直接取用固体药品。嗅闻气体时,鼻子不能直接对着瓶口或试管口。应用手轻轻将少量气体扇向鼻子。

8. 金属汞易挥发,被吸入体内,易引起慢性中毒。一旦有汞洒落在桌面或地上,必须尽可能收集起来,并用硫磺粉覆盖在汞洒落的地方,使汞变成不挥发的硫化汞。

9. 使用酒精灯或煤气灯,应随用随点,不用时,将酒精灯盖上灯罩,关闭煤气开关。

10. 强氧化剂(如氯酸钾、高氯酸等)及其混合物(如氯酸钾与红磷、碳、硫等混合物),不能研磨,否则易发生爆炸。

11. 不纯氢气、甲烷遇火易爆炸,操作时应严禁烟火。点燃前,必须先检查其纯度,以确保安全。银氨溶液不能长时间保存,因为久置后易爆炸。

12. 不要用潮湿的手接触电器,以免触电。不得在加热过程中随意离开加热装置,以免被加热物质激烈反应或溶液被烧干等引起事故。

三、化学实训室事故处理

1. 割伤。若一般轻伤,应及时挤出污血,在伤口处涂上红药水或甲紫药水,并用纱布包扎。伤口内,若有玻璃碎片或污物,先用消毒过的镊子取出,用生理盐水清洗伤口,再用 $3\% H_2O_2$ 消毒,然后涂上红药水,撒上消炎药,并用绷带包扎。若伤口过深、出血过多时,可用云南白药止血或扎止血带,送往医院救治。

2. 烫伤。在烫伤处抹上烫伤膏或万花油;或用高锰酸钾或苦味酸涂于烫伤处,再搽上凡士林、烫伤膏。若烫伤后起泡,要注意不要挑破水泡。

3. 酸烧伤。先用干布蘸干,再用饱和碳酸氢钠溶液或稀氨水冲洗,最后用水冲洗。若酸液溅入眼睛内,则应立即用大量细水流长时间冲洗,再用2%硼砂溶液冲洗,最后用蒸馏水冲洗(有条件可用洗眼器冲洗)。冲洗时,避免用水流直射眼睛,也不要揉搓眼睛。

4. 碱烧伤。先用大量水冲洗,再用2%醋酸溶液冲洗,最后用水冲洗。若碱液溅入眼睛内,则应立即用大量细水流长时间冲洗,再用3%硼酸溶液冲洗,最后用蒸馏水冲洗。冲洗时,避免用水流直射眼睛,也不要揉搓眼睛。

5. 白磷灼伤。用1%硫酸铜或高锰酸钾溶液冲洗伤口,再用水冲洗。

6. 吸入有毒气体。吸入硫化氢气体时,应立即到室外,呼吸新鲜空气。吸入氯气、氯化氢气体时,可吸入少量酒精和乙醚混合蒸气解毒。吸入溴蒸气时,可吸入氨气和新鲜空气解毒。

7. 毒物进入口。把5~10 mL稀硫酸铜或高锰酸钾溶液(约5%)加入一杯温水中,内服后,用手指或匙柄伸入咽喉,促使呕吐,并立即送医院救治。

8. 触电。立即切断电源,必要时,进行人工呼吸,对伤势严重者,立即送医院救治。

9. 火灾实训过程中,万一不慎起火,切勿惊慌,应立即采取灭火措施:

(1)首先关闭燃气龙头,切断电源,迅速移走周围易着火物品,特别是有机溶剂和易燃、易爆物品,防止火势蔓延。

(2)由于物质燃烧要有空气,并达到一定温度,因此灭火采取的是将燃烧物质与空气隔绝和降温措施。

(3)扑灭燃着的苯、油或醚,应用砂土覆盖,切勿用水。一般小火,可用湿布、石布覆盖燃烧物灭火。火势大时,可使用泡沫灭火器。但电气设备引起火灾,只能用四氯化碳灭火器灭火。实验人员衣服着火时,切勿乱跑,应赶快脱下衣服,用石棉布覆盖着火处或者就地卧倒滚打,也可起到灭火作用。火势较大,应立即报警。

附录2　无机化学实训常用仪器介绍

序号	仪器名称	规格及用途	使用方法及注意事项
1	试管	分硬质、软质、普通,以外径×长度(mm)或体积(mL)表示;小型反应容器,可用于收集少量气体	一般大试管可直接加热,小试管用水浴加热;反应液体不超过试管容积1/2,加热时,不超过1/3;加热前,试管外壁要擦干,加热时,应用试管夹夹持;加热液体时,试管口不要对着人,并使试管倾斜与桌面成45°;加热固体时,试管口略向下倾斜;加热后未冷却的试管,应用试管夹夹好,悬放于试管架上

续表

序号	仪器名称	规格及用途	使用方法及注意事项
2	试管架	材质有木、竹、金属或有机玻璃等,有6孔、12孔、24孔等,用来放置、晾干试管	可以将试管放置于试管架上,滴加试剂,观察实训现象;使用时要防止被洒落的试剂腐蚀,特别是木质、竹质试管架
3	试管夹	材质有木、金属;加热试管时,夹持试管	夹在试管上半部分;从试管底部套上或取下试管夹;不要用手指按夹活动部位,以免试管脱落;木质试管夹使用时要防止被火烧坏或被试剂腐蚀;金属弹簧应有足够的弹性,并作防锈处理
4	刷子	以钢丝绳作骨架,上面带有整齐排列向外伸展的细刷丝;细刷丝材料有尼龙丝、纤维毛、猪鬃、金属丝、磨料丝等;用于刷洗玻璃仪器内外壁	依据不同仪器选用不同材质,不同大小、长短的刷子;不宜在高温、干燥或高速下使用;小心刷子顶端的铁丝绳,刷洗时不要撞破玻璃仪器
5	研钵	以口径(cm)表示;有瓷、玻璃、玛瑙、金属等质地;用于固体物质的研磨	按固体物质性质、硬度、测定要求选择研钵;不能加热,不能作反应容器用;研磨的固体量不能超过研钵体积1/3;研磨易燃易爆物质时,要注意安全
6	药匙	由金属、牛角、瓷或塑料制成;有些药匙两头各有一个勺,一大一小;用于取用粉末状或小颗粒状的固体试剂	根据试剂用量选用大小合适的药匙;最好专匙专用;不能用药匙取用热药品,也不能接触酸、碱溶液;取用药品后,应及时用纸把药匙擦干净;取固体粉末置于试管中时,先将试管倾斜,把盛药品的药匙(或纸槽)小心地送入试管底部,再使试管直立
7	烧杯	大小以容积(mL)表示,外形有高、低之分;作反应容器用;用于溶解、加热、沉淀、结晶等;也可用于简易水浴的盛水器	反应液体不能超过烧杯容积2/3;加热前,外壁要擦干,加热时,要垫石棉网,使受热均匀;加热后未冷却的烧杯,不能直接置于桌面上,应置于石棉网上
8	玻璃棒	用于搅拌加速溶解,促进互溶;引流或蘸取少量液体;加热搅拌,防止因受热不均匀而引起飞溅等	搅拌时不要太用力,以免玻璃棒或容器破裂;搅拌不要连续碰撞容器壁、容器底,不要发出连续响声;搅拌时要向一个方向搅拌(顺时针或逆时针)
9	石棉网	加热时,垫在受热容器和热源之间,使受热均匀	石棉脱落的,不能使用;不能卷折,以免石棉脱落;不要与水接触,以免石棉脱落或铁丝锈蚀;因石棉致癌,国外已用高温陶瓷代替

续表

序号	仪器名称	规格及用途	使用方法及注意事项
10	铁架台、铁圈、铁夹	用于固定或放置容器(如烧杯、烧瓶、冷凝管等);铁圈可代替漏斗架使用	铁夹内应垫石棉布,夹在仪器合适位置,以仪器不脱落或旋转为宜,不能过紧或过松;固定时,仪器和铁架台的重心应落在铁架台底座中央,防止不稳倾倒
11	酒精灯	用作热源;酒精灯火焰温度为500~600 ℃	酒精灯乙醇量不能超过容积2/3,不少于1/4;用外焰加热;熄灭时,用灯帽盖灭,不能用嘴或气体吹灭
12	蒸发皿	常用陶瓷质地,分圆底、平底;用于蒸发浓缩溶液或灼烧固体	盛液量不超过容积2/3;耐高温,可直接加热,但不宜骤冷;加热时,应不断搅拌,临近蒸干时,应用小火或停止加热,利用余热蒸干
13	坩埚	大小以容积(mL)表示,有陶瓷、石英、金属等质地;耐高温,灼烧固体用;根据固体的性质选用不同材质的坩埚	灼烧时,置于泥三角上,直接用火烧,或放入高温炉中煅烧;炽热的坩埚不能骤冷;热的坩埚应置于石棉网上或搪瓷盘内冷却,稍冷后,转入干燥器中存放;用坩埚钳夹取坩埚或盖子时,坩埚钳需预热,以免炸裂
14	坩埚钳	从热源(如酒精灯、电炉、马弗炉等)中,夹持、取放坩埚或蒸发皿	使用前,要洗干净;夹取灼热的坩埚时,钳尖要先预热,以免坩埚因局部骤冷而破裂;使用前后,钳尖应向上,放在桌面或石棉网(温度高时)上
15	三脚架	放置较大或较重的容器加热	选择其高度,要使灯用外焰加热,以达到最高温度;对于不能直接加热的容器,应在架上垫石棉网加热;不要碰到刚加热过的三脚架
16	泥三角	用于搁置坩埚加热	选择泥三角时,要使搁在其上的坩埚所露出的上部不超过本身高度1/3;坩埚放置要正确,坩埚底应横着斜放在三根瓷管中的一个上;灼热的泥三角,不要放在桌面上,不要接触水,以免瓷管骤冷破裂
17	漏斗	有短颈、长颈、粗颈、无颈等几种,以口径(mm)大小表示;用于过滤或引导溶液入小口容器中	不能用火直接加热;过滤时,漏斗颈尖端必须紧靠接液容器内壁;长颈漏斗用于加液时,颈应插入液面以下

续表

序号	仪器名称	规格及用途	使用方法及注意事项
18	漏斗架	木质或有机玻璃材质,有螺丝可固定于木架上或铁架台上	用于过滤时支撑漏斗,也可用于支撑分液漏斗;有时铁架台加铁圈可代替漏斗架使用
19	分液漏斗	以容积(mL)大小表示,有球形、梨形、筒形、锥形等几种,颈有长、短;用于液体的分离、洗涤或萃取;用于向反应体系中滴加溶液原料	不能加热;使用前将活塞涂上薄层凡士林以防漏水;分液时,下层液体从漏斗下口流出,上层液体从上口倒出;向反应体系中滴加溶液时,下口应插入液面下;漏斗上口活塞及颈部活塞,都是磨砂配套的,应系好,防止滑出跌碎;萃取时,振荡初期,应多次放气,以免漏斗内压力过大;分液操作时,先打开顶塞,使漏斗与大气相通
20	热漏斗	铜质材料,以口径(mm)大小表示;铜质夹层内加热水,侧管加热保温,用于趁热过滤	将短颈玻璃漏斗置于热漏斗内,热漏斗内装有热水并加热维持温度;加热水量不能超过其容积的2/3
21	布氏漏斗、吸滤瓶	材质有瓷或玻璃,以容积(mL)或口径(mm)大小表示;配套吸滤瓶和真空泵,用于制备实验中晶体或沉淀的减压过滤	漏斗大小与吸滤瓶要适应,与过滤的沉淀或晶体的量要适应;滤纸应略小于布氏漏斗内径;漏斗斜口对准吸滤瓶支管口(即抽气口);先用玻璃棒引流向漏斗内转移上层清液,再转移晶体或沉淀;漏斗内溶液量不超过漏斗容积的2/3
22	量筒、量杯	以所能度量的最大体积(mL)表示;用于量取一定体积液体,一般精确到±0.1 mL	选用容积比所量体积稍大的量筒;不能加热和烘干,不能量热的或太冷的液体;不能用作反应容器,也不能用于有明显热量变化的混合或稀释实验;读数时放平稳,保持视线、筒内液体凹液面最低点和刻度水平
23	移液管、吸量管	以所能度量的最大体积(mL)表示;用于准确量取一定体积的液体,一般精确到±0.01 mL	不能加热和烘干;使用前要做体积校准;按移液管(吸量管)的使用方法使用
24	洗耳球	橡胶材质,也称吸耳球,规格有 30 mL、60 mL、90 mL、120 mL,主要用于移液管或吸量管定量移取液体	用手握住将球体内部空气排出,将球嘴放入移液管或吸量管上口按紧,松手溶液便会被吸入管内;洗耳球应保持清洁,禁止与酸、碱、油、有机溶剂等接触,远离热源

续表

序号	仪器名称	规格及用途	使用方法及注意事项
25	容量瓶	大小以容积(mL)表示；用于直接配制标准溶液或其他稀释定容	不能加热和烘干，不能长期贮存溶液；使用前要做体积校准；磨口瓶塞与瓶体是配套的，用塑料绳将瓶塞系在瓶颈上，不能互换；按容量瓶的使用方法使用
26	锥形瓶	大小以容积(mL)表示；作反应容器，加热时，可避免液体大量蒸发；振摇方便，用于滴定分析	同烧杯
27	滴管	由橡皮乳头和尖嘴玻璃管构成；用于吸取或加少量试剂，分离沉淀时吸取上层清液	使用滴管时，用手指捏紧乳胶头，赶出管中空气，把管伸入试剂瓶中，放开手指，试剂即被吸入；滴加液体时，滴管要保持垂直于容器正上方，不要倾斜、横置或倒立，不可伸入容器内部或碰到容器壁；严禁用未经清洗的滴管再吸取其他试剂
28	滴瓶	大小以容积(mL)表示；分无色、棕色两种；用于盛放少量液体试剂或溶液，方便取用	不能加热；棕色瓶盛放见光易分解或不稳定的试剂；滴液时，滴管要保持垂直，不能接触被接收容器内壁；滴管要专用，切忌互换；不宜长期贮存试剂，特别是有腐蚀性的药品
29	点滴板	分黑、白两种；以点滴试剂，观察反应现象或放置试纸用于测试等	滴加试剂量不能超过穴孔的容量；不能加热；生成白色沉淀的，用黑色点滴板，生成有色沉淀或溶液的，用白色点滴板
30	表面皿	盖在容器上，防止液体溅出；晾干晶体；用作点滴反应、盛放器皿、烘干或称量等	不能用火直接加热，以防止破裂；作盖用时，直径应略大于被盖容器
31	细口瓶、广口瓶剂	材质有玻璃、塑料，大小以容积(mL)表示；玻璃的分磨口，不磨口，无色、棕色等；广口瓶用于贮存固体或收集气体；细口瓶用于贮存液体	不能直接加热；取用试剂时，瓶盖应倒放在桌上，不能弄脏、弄乱；有磨口塞的试剂瓶，不用时应洗净，并在磨口处垫上纸条；贮存碱液时，用橡皮塞，防止瓶塞被腐蚀黏牢；棕色瓶用于盛见光易分解或不稳定的物质
32	称量瓶	以外径(mm)×高度(mm)表示；分扁形、筒形，准确称量一定量固体药品时用	盖子是磨口配套的，不得丢失、弄乱；用前应洗净烘干，不用时，应洗净，在磨口处垫一小纸条；不能直接用火加热

续表

序号	仪器名称	规格及用途	使用方法及注意事项
33	洗瓶	以容积(mL)表示;用于盛装清洗剂或蒸馏水,配有发射细液流装置,用于清洗仪器和器皿,配制溶液,洗涤沉淀等	塑料制品禁止加热,注意瓶口处密封
34	电加热套	以容积(mL)表示;实训室通用加热仪器之一,普通电热套可达400 ℃,高温电热套可达1 000 ℃;能用于玻璃容器精确控温加热,温控精度在±1 ℃	由无碱玻璃纤维和金属加热丝编制的半球形加热内套和控制电路组成;使用时应良好接地;液体溢入套内时,要迅速关闭电源,将电热套放在通风处,待干燥后方可使用,以免漏电或短路;第一次使用时,套内有白烟和异味冒出,颜色由白色变为褐色再变成白色属于正常
35	水浴锅	以加热功率(W)或工作室尺寸 $L(mm) \times D(mm) \times H(mm)$ 表示;用于实训室中蒸馏、干燥、浓缩,温渍化学药品或生物制品,也可用于恒温加热和其他温度实验	放在固定平台上,将排水口阀门关紧,向水浴锅箱体注入适量的洁净的自来水;接通电源,设定温度,水开始被加热,指示灯"ON"亮,当温度上升到设定温度时,指示灯"OFF"亮,水变为恒温;使用完毕后,取出恒温物,关闭电源,排除箱体内的水
36	烘箱	用来干燥玻璃仪器或烘干无腐蚀性、受热不分解的物品	使用时,通电,开启开关,将控温旋钮由"0"位顺时针旋至一定程度,此时箱内开始升温,红色指示灯亮,当温度升至工作温度时,将控温器旋钮逆时针缓慢旋回,旋至指示灯刚熄灭,在指示灯亮灭交替处,即为恒温点;挥发性易燃物或刚用乙醇、丙酮淋洗过的玻璃仪器,切勿放入烘箱内,以免引起爆炸;箱内物品切勿过挤,必须留出空气对流的空间;用完后,须将电源局部切断,常保持箱内外干净

附录 3 一些物理量的单位和数值

一、基本国际制单位和符号

物理量	长度,L	质量,m	时间,t	热力学温度,T	物质的量,n	电流,I	光强度,I_v
单位	米,m	千克,kg	秒,s	开尔文,K	摩尔,mol	安培,A	坎德拉,cd

二、一些导出国际制单位

物理量	能量、功、热	力	电势、电位、电动势	功率	压力、应力	电阻	摄氏温度
国际制单位名称符号	焦耳，J	牛顿，N	伏特，V	瓦特，W	帕斯卡，Pa	欧姆，Ω	摄氏度，$^{\circ}C$
换算关系	$N \cdot m = m^2 \cdot kg/s^2$	$m \cdot kg/s^2$	$J/C = m^2 \cdot kg/(s^3 \cdot A)$	$J/s = m^2 \cdot kg/s^3$	$N/m^2 = m^{-1} \cdot kg/s^2$	$V/A = m^2 \cdot kg/(s^3 \cdot A^2)$	$^{\circ}C = K - 273.15$

三、一些非国际制单位及其与国际制单位的换算

物理量	国际制单位和名称	换算关系
（原子）截面	靶恩，b	$= 10^{-28} m$
能量	电子伏，eV	$\approx 1.60218 \times 10^{-19} J$
长度	埃，Å	$= 10^{-10} m = 0.1$ nm
质量	吨，t	$= 10^3 kg$
统一的原子质量单位，u；道尔顿，Da		$\approx 1.66054 \times 10^{-27} kg$
压力	巴，bar	$= 10^5 Pa = 10^5 N \cdot m^{-2}$
时间	分，min；小时，h	1 min = 60 s；1 h = 60 min = 3 600 s
体积	升，L	$= dm^3 = 10^{-3} m^3$

附录4　常见弱酸、弱碱在水中的解离常数

一、弱酸在水溶液中的解离常数（25 ℃）

名　称	化学式	K_a	pK_a
偏铝酸	$HAlO_2$	6.3×10^{-13}	12.2
亚砷酸	H_3AsO_3	6.0×10^{-10}	9.22

续表

名　称	化学式	K_a	pK_a
砷酸	H_3AsO_4	$6.3 \times 10^{-3}(K_1)$	2.2
		$1.05 \times 10^{-7}(K_2)$	6.98
		$3.2 \times 10^{-12}(K_3)$	11.5
硼酸	H_3BO_3	$5.8 \times 10^{-10}(K_1)$	9.24
		$1.8 \times 10^{-13}(K_2)$	12.74
		$1.6 \times 10^{-14}(K_3)$	13.8
次溴酸	HBrO	2.4×10^{-9}	8.62
氢氰酸	HCN	6.2×10^{-10}	9.21
碳酸	H_2CO_3	$4.2 \times 10^{-7}(K_1)$	6.38
		$5.6 \times 10^{-11}(K_2)$	10.25
次氯酸	HClO	3.2×10^{-8}	7.5
氢氟酸	HF	6.61×10^{-4}	3.18
高碘酸	HIO_4	2.8×10^{-2}	1.56
亚硝酸	HNO_2	5.1×10^{-4}	3.29
次磷酸	H_3PO_2	5.9×10^{-2}	1.23
亚磷酸	H_3PO_3	$5.0 \times 10^{-2}(K_1)$	1.3
		$2.5 \times 10^{-7}(K_2)$	6.6
磷酸	H_3PO_4	$7.52 \times 10^{-3}(K_1)$	2.12
		$6.31 \times 10^{-8}(K_2)$	7.2
		$4.4 \times 10^{-13}(K_3)$	12.36
氢硫酸	H_2S	$1.3 \times 10^{-7}(K_1)$	6.88
		$7.1 \times 10^{-15}(K_2)$	14.15
亚硫酸	H_2SO_3	$1.23 \times 10^{-2}(K_1)$	1.91
		$6.6 \times 10^{-8}(K_2)$	7.18
硫酸	H_2SO_4	$1.0 \times 10^{3}(K_1)$	-3
		$1.02 \times 10^{-2}(K_2)$	1.99
硅酸	H_2SiO_3	$1.7 \times 10^{-10}(K_1)$	9.77
		$1.6 \times 10^{-12}(K_2)$	11.8

名　称	化学式	K_a	pK_a
甲酸	HCOOH	1.8×10^{-4}	3.75
乙酸	CH$_3$COOH	1.74×10^{-5}	4.76
草酸	H$_2$C$_2$O$_4$	$5.4 \times 10^{-2}(K_1)$	1.27
		$5.4 \times 10^{-5}(K_2)$	4.27
苯甲酸	C$_6$H$_5$COOH	6.3×10^{-5}	4.2

二、弱碱在水溶液中的解离常数（25 ℃）

名　称	化学式	K_a	pK_a
氢氧化铝	Al(OH)$_3$	$1.38 \times 10^{-9}(K_3)$	8.86
氢氧化银	AgOH	1.10×10^{-4}	3.96
氢氧化钙	Ca(OH)$_2$	3.72×10^{-3}	2.43
		3.98×10^{-2}	1.4
氨水	NH$_3$·H$_2$O	1.78×10^{-5}	4.75
肼(联氨)	N$_2$H$_4$·H$_2$O	9.55×10^{-7}	6.02
		1.26×10^{-15}	14.9
羟胺	NH$_2$OH·H$_2$O	9.12×10^{-9}	8.04
氢氧化铅	Pb(OH)$_2$	9.55×10^{-4}	3.02
		3.0×10^{-8}	7.52
氢氧化锌	Zn(OH)$_2$	9.55×10^{-4}	3.02

附录5　常见配合物的稳定常数

配离子	$K_{稳}^{\ominus}$	$\lg K_{稳}^{\ominus}$	配离子	$K_{稳}^{\ominus}$	$\lg K_{稳}^{\ominus}$
$[AgCl_2]^-$	1.74×10^5	5.24	$[Fe(C_2O_4)_3]^{4-}$	1.66×10^5	5.22
$[AgBr_2]^-$	2.14×10^7	7.33	$[Fe(C_2O_4)_3]^{3-}$	1.59×10^{20}	20.20
$[Ag(NH_3)_2]^+$	1.6×10^7	7.20	$[Fe(SCN)_6]^{3-}$	1.5×10^3	3.18
$[Ag(S_2O_3)_2]^{3-}$	2.88×10^{13}	13.46	$[HgCl_4]^{2-}$	1.2×10^{15}	15.08
$[Ag(CN)_2]^-$	1.26×10^{21}	21.10	$[HgI_4]^{2-}$	6.8×10^{20}	20.83
$[Ag(SCN)_2]^-$	3.72×10^7	7.57	$[Hg(CN)_4]^{2-}$	3.3×10^{41}	41.52
$[AgI_2]^-$	5.5×10^{11}	11.7	$[Hg(SCN)_4]^{2-}$	7.75×10^{21}	21.89
$[AlF_6]^{3-}$	6.9×10^{19}	19.84	$[Ni(CN)_4]^{2-}$	1.0×10^{22}	22.00
$[Al(C_2O_4)_3]^{3-}$	2.0×10^{16}	16.30	$[Ni(NH_3)_6]^{2+}$	5.5×10^8	8.74
$[Au(CN)_2]^-$	2.0×10^{38}	38.30	$[Ni(en)_2]^{2+}$	6.31×10^{13}	13.80
$[CdCl_4]$	3.47×10^2	2.54	$[Ni(en)_3]^{2+}$	1.15×10^{18}	18.06
$[Cd(CN)_4]^{2-}$	1.1×10^{16}	16.04	$[SnCl_4]^{2-}$	30.2	1.48
$[Cd(NH_3)_4]^{2+}$	1.3×10^7	7.11	$[SnCl_6]^{2-}$	6.6	0.82
$[Cd(NH_3)_6]^{2+}$	1.4×10^5	5.15	$[Zn(CN)_4]^{2-}$	5.0×10^{16}	16.70
$[CdI_4]^{2-}$	1.26×10^6	6.10	$[Zn(NH_3)_4]^{2+}$	2.88×10^9	9.46
$[Co(SCN)_4]^{2+}$	1.0×10^3	3.00	$[Zn(OH)_4]^{2-}$	1.4×10^{15}	15.15
$[Co(NH_3)_6]^{2+}$	1.29×10^5	5.11	$[Zn(SCN)_4]^{2-}$	20	1.30
$[Co(NH_3)_6]^{3+}$	1.58×10^{35}	35.20	$[Zn(C_2O_4)_3]^{4-}$	1.4×10^8	8.15
$[CuCl_2]^-$	3.6×10^5	5.56	$[Zn(en)_2]^{2+}$	6.76×10^{10}	10.83
$[CuCl_4]^{2-}$	4.17×10^5	5.62	$[Zn(en)_3]^{2+}$	1.29×10^{14}	14.11
$[CuI_2]$	5.7×10^8	8.76	$[AgY]^{3-}$	2.09×10^7	7.32
$[Cu(CN)_2]^-$	1.0×10^{24}	24.00	$[AlY]^-$	2.0×10^{16}	16.30
$[Cu(CN)_4]^{2-}$	2.0×10^{27}	27.30	$[BaY]^{2-}$	7.24×10^7	7.86
$[Cu(NH_3)_2]^+$	7.4×10^{10}	10.87	$[BiY]^-$	8.71×10^{27}	27.94
$[Cu(NH_3)_4]^{2+}$	2.08×10^{13}	13.32	$[CaY]^{2-}$	4.90×10^{10}	10.69
$[Cu(en)_2]^+$	1.0×10^{18}	18.00	$[CoY]^{2-}$	2.04×10^{16}	16.31

配离子	$K^{\ominus}_{稳}$	$\lg K^{\ominus}_{稳}$	配离子	$K^{\ominus}_{稳}$	$\lg K^{\ominus}_{稳}$
$[Cu(en)_3]^{2+}$	1.0×10^{21}	21.00	$[CoY]^-$	1.0×10^{36}	36.00
$[Fe(CN)_6]^{4-}$	1.0×10^{35}	35.00	$[CdY]^{2-}$	2.88×10^{16}	16.46
$[Fe(CN)_6]^{3-}$	1.0×10^{42}	42.00	$[CrY]^-$	2.5×10^{23}	23.40
$[FeF_6]^{3-}$	1.0×10^{16}	16.00	$[CuY]^{2-}$	6.31×10^{18}	18.80
$[FeY]^{2-}$	2.09×10^{14}	14.32	$[PbY]^{2-}$	1.1×10^{18}	18.04
$[FeY]^-$	1.26×10^{25}	25.10	$[PdY]^{2-}$	3.16×10^{18}	18.50
$[HgY]^{2-}$	5.01×10^{21}	21.70	$[ScY]^{2-}$	1.26×10^{23}	23.10
$[MgY]^{2-}$	5.0×10^{3}	8.70	$[SrY]^{2-}$	5.37×10^{8}	8.73
$[MnY]^{2-}$	7.41×10^{13}	13.87	$[SnY]^{2-}$	1.29×10^{22}	22.11
$[NiY]^{2-}$	4.17×10^{18}	18.62	$[ZnY]^{2-}$	3.16×10^{16}	16.50

注:en 为乙二胺;Y 为 EDTA。

附录6　常见无机化学试剂及其配制

一、化学试剂的规格和选用选择

名　称	基准试剂	优质纯试剂	分析纯试剂	化学纯试剂	实验试剂
英文/缩写	Primary standard	Guarantee reagent/GR	Analytical reagent/AR	Chemical reagent/CP	Laboratorial reagent/LR
标签颜色	—	绿色	红色	蓝色	棕色或黄色
适用范围	直接配制、标定标准溶液	精密分析、科学研究	一般分析、科学研究	一般定性、化学制备	一般化学制备
选用原则	标定标准溶液用基准试剂;制备标准溶液用 AR 或 CP;制备杂质限度检查用标准溶液,采用 GR 或 AR;制备普通试液与缓冲溶液可用 AR 或 CP;一般化学制备可用 CP 或 LR				

二、市售常用酸碱试剂的浓度、含量及密度

试 剂	浓度/(mol·L^{-1})	含量/%	密度/(g·mL^{-1})
乙酸	6.2～6.4	36.0～37.0	1.04
冰醋酸	17.4	99.8(GR)、99.5(AR)、99.0(CP)	1.05
氨水	12.9～14.8	25～28	0.88
盐酸	11.7～12.4	36～38	1.18～1.19
氢氟酸	27.4	40.0	1.13
硝酸	11.7～12.5	65～68	1.39～1.40
高氯酸	14.4～15.2	70.0～72.0	1.68
磷酸	14.6	85.0	1.69
硫酸	17.8～18.4	95～98	1.83～1.84

三、常用无机化学试剂及其配制

名 称	浓 度	配制方法
盐酸	6.0 mol/L	496 mL 浓盐酸,用水稀释至 1 L
	3 mol/L(10%)	250 mL 浓盐酸,用水稀释至 1 L
	2 mol/L	167 mL 浓盐酸,用水稀释至 1 L
硝酸	6.0 mol/L	380 mL 浓硝酸,用水稀释至 1 L
	2.0 mol/L	127 mL 浓硝酸,用水稀释至 1 L
硫酸	6.0 mol/L	332 mL 浓硫酸,缓慢注入 500 mL 水中搅拌,冷却后加水稀释至 1 L
	2.0 mol/L	107 mL 浓硫酸,缓慢注入 500 mL 水中搅拌,冷却后加水稀释至 1 L
	10%	64 mL 浓硫酸,缓慢注入 500 mL 水中搅拌,冷却后加水稀释至 1 L
醋酸	6.0 mol/L	353 mL 冰醋酸,用水稀释至 1 L
	2.0 mol/L	118 mL 冰醋酸,用水稀释至 1 L
	1.0 mol/L(6%)	57 mL 冰醋酸,用水稀释至 1 L
氨水	6.0 mol/L	400 mL 浓氨水,用水稀释至 1 L
	2.0 mol/L	133 mL 浓氨水,用水稀释至 1 L

名　称	浓　度	配制方法
氢氧化钠	6.0 mol/L	250 g 氢氧化钠固体溶于水,冷却后加水稀释至 1 L
	10%	100 g 氢氧化钠固体溶于水,冷却后加水稀释至 1 L
双氧水	3%	100 mL 30% 双氧水加水稀释至 1 L
氢氧化钾	1.0 mol/L	56 g 氢氧化钾固体溶于水,冷却后加水稀释至 1 L
硝酸银	0.1 mol/L	1.7 g 硝酸银溶于水,稀释至 1 L,贮存于棕色试剂瓶中
高锰酸钾	0.01 mol/L	1.6 g 高锰酸钾溶于水,稀释至 1 L
碘化钾	0.5 mol/L	83 g 碘化钾溶于水,稀释至 1 L
铬酸洗液	50 g/L	5 g 重铬酸钾溶于 10 mL 水,加热至溶解,冷却。将 90 mL 浓硫酸在不断搅拌下缓慢注入上述溶液中

附录 7　常用缓冲溶液及其配制

一、标准缓冲溶液及其配制

缓冲溶液组成	$pK_a^{\ominus}$	缓冲液 pH	缓冲溶液配制方法
氨基乙酸-HCl	2.35	2.3	150 g 氨基乙酸溶于 500 mL 水中,加 80 mL 浓盐酸,用水稀释至 1 L
H_3PO_4-枸橼酸盐	—	2.5	113 g $Na_2HPO_4 \cdot 12H_2O$ 溶于 200 mL 水后,加 387 g 枸橼酸,溶解,过滤后,加水稀释至 1 L
一氯乙酸-NaOH	2.86	2.8	200 g 一氯乙酸溶于 200 mL 水中,加 40 g NaOH,溶解后,加水稀释至 1 L
邻苯二甲酸氢钾-HCl	2.95	2.9	500 g 邻苯二甲酸氢钾溶于 500 mL 水中,加 80 mL 浓盐酸,加水稀释至 1 L
甲酸-NaOH	3.76	3.7	95 g 甲酸和 40 g NaOH 溶于 500 mL 水中,加水稀释至 1 L

续表

缓冲溶液组成	p$K_a^{\ominus}$	缓冲液 pH	缓冲溶液配制方法
NH$_4$Ac-HAc	—	4.5	77 g NH$_4$Ac 溶于 200 mL 水中,加 59 mL 冰醋酸,加水稀释至 1 L
NaAc-HAc	4.74	4.7	83 g 无水 NaAc 溶于水中,加 60 mL 冰醋酸,加水稀释至 1 L
NaAc-HAc	4.74	5.0	160 g 无水 NaAc 溶于水中,加 60 mL 冰醋酸,加水稀释至 1 L
NH$_4$Ac-HAc	—	5.0	250 g NH$_4$Ac 溶于 200 mL 水中,加 25 mL 冰醋酸,加水稀释至 1 L
六次甲基四胺-HCl	5.15	5.4	40 g 六次甲基四胺溶于 200 mL 水中,加 10 mL 浓盐酸,加水稀释至 1 L
NH$_4$Ac-HAc	—	6.0	600 g NH$_4$Ac 溶于 200 mL 水中,加 20 mL 冰醋酸,加水稀释至 1 L
醋酸钠-磷酸盐	—	8.0	50 g 无水 NaAc 和 50 g Na$_2$HPO$_4$·12H$_2$O,溶于水中,加水稀释至 1 L
Tris(三羟甲基氨基甲烷)-HCl	8.21	8.2	25 g Tris 试剂溶于水中,加 8 mL 浓盐酸,加水稀释至 1 L
NH$_3$-NH$_4$Cl	9.26	9.2	54 g NH$_4$Cl 溶于水中,加 63 mL 浓氨水,加水稀释至 1 L
NH$_3$-NH$_4$Cl	9.26	9.5	54 g NH$_4$Cl 溶于水中,加 126 mL 浓氨水,加水稀释至 1 L
NH$_3$-NH$_4$C	9.26	10.0	54 g NH$_4$Cl 溶于水中,加 350 mL 浓氨水,加水稀释至 1 L

二、常用标准缓冲溶液 pH

温度 /℃	0.05 mol/L 草酸三氢钾	饱和酒石酸氢钾	0.05 mol/L 邻苯二甲酸氢钾	0.025 mol/L 磷酸二氢钾和磷酸氢二钠	0.01 mol/L 四硼酸钠	氢氧化钙（饱和,25 ℃）
0	1.666	—	4.000	6.984	9.464	13.43
5	1.668	—	3.998	6.951	9.395	13.21
10	1.670	—	3.997	6.923	9.332	13.00
15	1.672	—	3.998	6.900	9.276	12.81
20	1.675	—	4.000	6.881	9.225	12.63
25	1.679	3.557	4.005	6.865	9.180	12.45
30	1.683	3.552	4.011	6.853	9.139	12.29
35	1.688	3.549	4.018	6.844	9.102	12.13
37	1.690	3.548	4.022	6.841	9.088	12.07
40	1.694	3.547	4.027	6.838	9.068	11.98
45	1.700	3.547	4.047	6.834	9.038	11.84
50	1.707	3.549	4.060	6.833	9.011	11.71
55	1.715	3.554	4.075	6.834	8.985	11.57
60	1.723	3.560	4.091	6.836	8.962	11.45

附录8 元素周期表

图例说明：
- 92 —— 原子序数
- U —— 元素符号，红色指放射性元素
- 铀 —— 元素名称，注*的是人造元素
- $5f^36d^17s^2$ —— 外围电子层排布，括号指可能的电子层排布
- 238.0 —— 相对原子质量（加括号的数据为该放射性元素半衰期最长财位元素的质量数）

金属 ｜ 非金属 ｜ 过渡元素

周期＼族	I A 1	II A 2	III B 3	IV B 4	V B 5	VI B 6	VII B 7	VIII 8	VIII 9	VIII 10	I B 11	II B 12	III A 13	IV A 14	V A 15	VI A 16	VII A 17	0 18
1	1 H 氢 $1s^1$ 1.008																	2 He 氦 $1s^2$ 4.003
2	3 Li 锂 $2s^1$ 6.941	4 Be 铍 $2s^2$ 9.012											5 B 硼 $2s^22p^1$ 10.81	6 C 碳 $2s^22p^2$ 12.01	7 N 氮 $2s^22p^3$ 14.01	8 O 氧 $2s^22p^4$ 16.00	9 F 氟 $2s^22p^5$ 19.00	10 Ne 氖 $2s^22p^6$ 20.18
3	11 Na 钠 $3s^1$ 22.99	12 Mg 镁 $3s^2$ 24.31											13 Al 铝 $3s^23p^1$ 26.98	14 Si 硅 $3s^23p^2$ 28.09	15 P 磷 $3s^23p^3$ 30.97	16 S 硫 $3s^23p^4$ 32.06	17 Cl 氯 $3s^23p^5$ 35.45	18 Ar 氩 $3s^23p^6$ 39.95
4	19 K 钾 $4s^1$ 39.10	20 Ca 钙 $4s^2$ 40.08	21 Sc 钪 $3d^14s^2$ 44.96	22 Ti 钛 $3d^24s^2$ 47.87	23 V 钒 $3d^34s^2$ 50.94	24 Cr 铬 $3d^54s^1$ 52.00	25 Mn 锰 $3d^54s^2$ 54.94	26 Fe 铁 $3d^64s^2$ 55.85	27 Co 钴 $3d^74s^2$ 58.93	28 Ni 镍 $3d^84s^2$ 58.69	29 Cu 铜 $3d^{10}4s^1$ 63.55	30 Zn 锌 $3d^{10}4s^2$ 65.41	31 Ga 镓 $4s^24p^1$ 69.72	32 Ge 锗 $4s^24p^2$ 72.64	33 As 砷 $4s^24p^3$ 74.92	34 Se 硒 $4s^24p^4$ 78.96	35 Br 溴 $4s^24p^5$ 79.90	36 Kr 氪 $4s^24p^6$ 83.80
5	37 Rb 铷 $5s^1$ 85.47	38 Sr 锶 $5s^2$ 87.62	39 Y 钇 $4d^15s^2$ 88.91	40 Zr 锆 $4d^25s^2$ 91.22	41 Nb 铌 $4d^45s^1$ 92.91	42 Mo 钼 $4d^55s^1$ 95.94	43 Tc 锝 $4d^55s^2$ [98]	44 Ru 钌 $4d^75s^1$ 101.1	45 Rh 铑 $4d^85s^1$ 102.9	46 Pd 钯 $4d^{10}$ 106.4	47 Ag 银 $4d^{10}5s^1$ 107.9	48 Cd 镉 $4d^{10}5s^2$ 112.4	49 In 铟 $5s^25p^1$ 114.8	50 Sn 锡 $5s^25p^2$ 118.7	51 Sb 锑 $5s^25p^3$ 121.8	52 Te 碲 $5s^25p^4$ 127.6	53 I 碘 $5s^25p^5$ 126.9	54 Xe 氙 $5s^25p^6$ 131.3
6	55 Cs 铯 $6s^1$ 132.9	56 Ba 钡 $6s^2$ 137.3	57～71 La～Lu 镧系	72 Hf 铪 $5d^26s^2$ 178.5	73 Ta 钽 $5d^36s^2$ 180.9	74 W 钨 $5d^46s^2$ 183.8	75 Re 铼 $5d^56s^2$ 186.2	76 Os 锇 $5d^66s^2$ 190.2	77 Ir 铱 $5d^76s^2$ 192.2	78 Pt 铂 $5d^96s^1$ 195.1	79 Au 金 $5d^{10}6s^1$ 197.0	80 Hg 汞 $5d^{10}6s^2$ 200.6	81 Tl 铊 $6s^26p^1$ 204.4	82 Pb 铅 $6s^26p^2$ 207.2	83 Bi 铋 $6s^26p^3$ 209.0	84 Po 钋 $6s^26p^4$ [209]	85 At 砹 $6s^26p^5$ [210]	86 Rn 氡 $6s^26p^6$ [222]
7	87 Fr 钫 $7s^1$ [223]	88 Ra 镭 $7s^2$ [226]	89～103 Ac～Lr 锕系	104 Rf* 铪 $(6d^27s^2)$ [261]	105 Db* 𬭊 $(6d^37s^2)$ [262]	106 Sg* 𬭳 [266]	107 Bh* 𬭛 [264]	108 Hs* 𬭶 [277]	109 Mt* 鿏 [268]	110 Ds* [281]	111 Rg* [272]	112 Uub* [285]						

镧系：

57 La 镧 $5d^16s^2$ 138.9	58 Ce 铈 $4f^15d^16s^2$ 140.1	59 Pr 镨 $4f^36s^2$ 140.9	60 Nd 钕 $4f^46s^2$ 144.2	61 Pm 钷 $4f^56s^2$ [145]	62 Sm 钐 $4f^66s^2$ 150.4	63 Eu 铕 $4f^76s^2$ 152.0	64 Gd 钆 $4f^75d^16s^2$ 157.3	65 Tb 铽 $4f^96s^2$ 158.9	66 Dy 镝 $4f^{10}6s^2$ 162.5	67 Ho 钬 $4f^{11}6s^2$ 164.9	68 Er 铒 $4f^{12}6s^2$ 167.3	69 Tm 铥 $4f^{13}6s^2$ 168.9	70 Yb 镱 $4f^{14}6s^2$ 173.0	71 Lu 镥 $4f^{14}5d^16s^2$ 175.0

锕系：

89 Ac 锕 $6d^17s^2$ [227]	90 Th 钍 $6d^27s^2$ 232.0	91 Pa 镤 $5f^26d^17s^2$ 231.0	92 U 铀 $5f^36d^17s^2$ 238.0	93 Np 镎 $5f^46d^17s^2$ [237]	94 Pu 钚 $5f^67s^2$ [244]	95 Am 镅 $5f^77s^2$ [243]	96 Cm 锔 $5f^76d^17s^2$ [247]	97 Bk 锫* $5f^97s^2$ [247]	98 Cf 锎* $5f^{10}7s^2$ [251]	99 Es 锿* $5f^{11}7s^2$ [252]	100 Fm 镄* $5f^{12}7s^2$ [257]	101 Md 钔* $(5f^{13}7s^2)$ [258]	102 No 锘* $(5f^{14}7s^2)$ [259]	103 Lr 铹* $5f^{14}5d^17s^2$ [262]

0族电子数 / 电子层

K	2
L K	8, 2
M L K	8, 8, 2
N M L K	8, 18, 8, 2
O N M L K	8, 18, 18, 8, 2
P O N M L K	8, 18, 32, 18, 8, 2

注：相对原子质量录自2001年国际原子量表，并全部取4位有效数字。

参考文献

[1] 蔡自由,叶国华.无机化学[M].3版.北京:中国医药科技出版社,2018.

[2] 蔡自由,钟国清.基础化学实训教程[M].2版.北京:科学出版社,2016.

[3] 武汉大学,吉林大学等.无机化学[M].3版.北京:高等教育出版社,2015.

[4] 张天蓝,姜凤超.无机化学[M].7版.北京:人民卫生出版社,2016.

[5] 国家药典委员会.中华人民共和国药典(2020年版,二部)[M].北京:中国医药科技出版社,2020.

[6] 叶国华.无机化学[M].北京:中国中医药出版社,2015.

[7] 南京大学《无机及分析化学实验》编写组.无机及分析化学实验[M].4版.北京:高等教育出版社,2016.

[8] 胡伟光,张文英.定量化学分析实验[M].4版.北京:化学工业出版社,2020.

[9] 刘志红.无机化学[M].2版.西安:第四军医大学出版社,2014.

[10] 林俊杰,王静.无机化学[M].3版.北京:化学工业出版社,2013.

[11] James G. Speight. Lange's Handbook of Chemistry[M]. 16th ed. New York:McGraw-Hill,2005.

[12] 周宁怀,姚国琦.物理化学量和单位的符号与术语手册[M].北京:技术标准出版社,1981.